U0251424

国家出版基金资助项目

现代数学中的著名定理纵横谈丛书

丛书主编　王梓坤

BUTCHART-MOSER THEOREM

Butchart-Moser定理

刘培杰数学工作室　编

哈尔滨工业大学出版社

HARBIN INSTITUTE OF TECHNOLOGY PRESS

内 容 简 介

本书介绍了 Butchart-Moser 定理的相关知识及内容,全书共分八章,内容包括 Butchart-Moser 定理、在闭凸集上求最优场址、最优场址问题的快速收敛算法、闭凸集上多场址问题的一个全局收敛算法、在闭凸集上连续型多场址的最优选择、平面上的点–线选址问题、平面上的 min-max 型点–线选址问题、波兰应用数学中若干结果的概述内容.

本书适合大学、中学师生及数学爱好者参考使用.

图书在版编目(CIP)数据

Butchart-Moser 定理/刘培杰数学工作室编. —哈尔滨:哈尔滨工业大学出版社,2024.3
(现代数学中的著名定理纵横谈丛书)
ISBN 978 – 7 – 5603 – 4325 – 9

Ⅰ.①B… Ⅱ.①刘… Ⅲ.①估计—最佳化理论 Ⅳ.①O211.67

中国版本图书馆 CIP 数据核字(2021)第 156534 号

BUTCHART-MOSER DINGLI

策划编辑　刘培杰　张永芹
责任编辑　刘立娟　张嘉芮
封面设计　孙茵艾
出版发行　哈尔滨工业大学出版社
社　　址　哈尔滨市南岗区复华四道街 10 号　邮编 150006
传　　真　0451 – 86414749
网　　址　http://hitpress.hit.edu.cn
印　　刷　辽宁新华印务有限公司
开　　本　787 mm×960 mm　1/16　印张 14.5　字数 148 千字
版　　次　2024 年 3 月第 1 版　2024 年 3 月第 1 次印刷
书　　号　ISBN 978 – 7 – 5603 – 4325 – 9
定　　价　158.00 元

代序

◉

读书的乐趣

你最喜爱什么——书籍.

你经常去哪里——书店.

你最大的乐趣是什么——读书.

这是友人提出的问题和我的回答. 真的,我这一辈子算是和书籍,特别是好书结下了不解之缘.有人说,读书要费那么大的劲,又发不了财,读它做什么?我却至今不悔,不仅不悔,反而情趣越来越浓.想当年,我也曾爱打球,也曾爱下棋,对操琴也有兴趣,还登台伴奏过.但后来却都一一断交,"终身不复鼓琴".那原因便是怕花费时间,玩物丧志,误了我的大事——求学.这当然过激了一些.剩下来唯有读书一事,自幼至今,无日少废,谓之书痴也可,谓之书橱也可,管它呢,人各有志,不可相强.我的一生大志,便是教书,而当教师,不多读书是不行的.

读好书是一种乐趣,一种情操;一种向全世界古往今来的伟人和名人求

1

教的方法,一种和他们展开讨论的方式;一封出席各种活动、体验各种生活、结识各种人物的邀请信;一张迈进科学宫殿和未知世界的入场券;一股改造自己、丰富自己的强大力量.书籍是全人类有史以来共同创造的财富,是永不枯竭的智慧的源泉.失意时读书,可以使人重整旗鼓;得意时读书,可以使人头脑清醒;疑难时读书,可以得到解答或启示;年轻人读书,可明奋进之道;年老人读书,能知健神之理.浩浩乎! 洋洋乎! 如临大海,或波涛汹涌,或清风微拂,取之不尽,用之不竭.吾于读书,无疑义矣,三日不读,则头脑麻木,心摇摇无主.

潜能需要激发

我和书籍结缘,开始于一次非常偶然的机会.大概是八九岁吧,家里穷得揭不开锅,我每天从早到晚都要去田园里帮工.一天,偶然从旧木柜阴湿的角落里,找到一本蜡光纸的小书,自然很破了.屋内光线暗淡,又是黄昏时分,只好拿到大门外去看.封面已经脱落,扉页上写的是《薛仁贵征东》.管它呢,且往下看.第一回的标题已忘记,只是那首开卷诗不知为什么至今仍记忆犹新:

日出遥遥一点红,飘飘四海影无踪.

三岁孩童千两价,保主跨海去征东.

第一句指山东,二、三两句分别点出薛仁贵(雪、人贵).那时识字很少,半看半猜,居然引起了我极大的兴趣,同时也教我认识了许多生字.这是我有生以来独立看的第一本书.尝到甜头以后,我便千方百计去找书,向小朋友借,到亲友家找,居然断断续续看了《薛丁山征西》《彭公案》《二度梅》等,樊梨花便成了我心中的女英雄. 我真入迷了. 从此, 放牛也罢, 车水也罢, 我总要带一本书, 还练出了边走田间小路边读书的本领, 读得津津有味, 不知人间别有他事.

当我们安静下来回想往事时, 往往会发现一些偶然的小事却影响了自己的一生. 如果不是找到那本《薛仁贵征东》, 我的好学心也许激发不起来. 我这一生, 也许会走另一条路. 人的潜能, 好比一座汽油库, 星星之火, 可以使它雷声隆隆、光照天地; 但若少了这粒火星, 它便会成为一潭死水, 永归沉寂.

抄, 总抄得起

好不容易上了中学, 做完功课还有点时间, 便常光顾图书馆. 好书借了实在舍不得还, 但买不到也买不起, 便下决心动手抄书. 抄, 总抄得起. 我抄过林语堂写的《高级英文法》, 抄过英文的《英文典大全》, 还抄过《孙子兵法》, 这本书实在爱得狠了, 竟一口气抄了两份. 人们虽知抄书之苦, 未知抄书之益, 抄完毫末俱见, 一览无余, 胜读十遍.

始于精于一, 返于精于博

关于康有为的教学法, 他的弟子梁启超说: "康先生之教, 专标专精、涉猎二条, 无专精则不能成, 无涉猎则不能通也." 可见康有为强烈要求学生把专精和广博(即"涉猎")相结合.

在先后次序上, 我认为要从精于一开始. 首先应集中精力学好专业, 并在专业的科研中做出成绩, 然后逐步扩大领域, 力求多方面的精. 年轻时, 我曾精读杜布(J. L. Doob)的《随机过程论》, 哈尔莫斯(P. R. Halmos)的《测度论》等世界数学名著, 使我终身受益. 简言之, 即"始于精于一, 返于精于博". 正如中国革命一样,必须先有一块根据地,站稳后再开创几块,最后连成一片.

丰富我文采,澡雪我精神

辛苦了一周,人相当疲劳了,每到星期六,我便到旧书店走走,这已成为生活中的一部分,多年如此.一次,偶然看到一套《纲鉴易知录》,编者之一便是选编《古文观止》的吴楚材.这部书提纲挈领地讲中国历史,上自盘古氏,直到明末,记事简明,文字古雅,又富于故事性,便把这部书从头到尾读了一遍.从此启发了我读史书的兴趣.

我爱读中国的古典小说,例如《三国演义》和《东周列国志》.我常对人说,这两部书简直是世界上政治阴谋诡计大全.即以近年来极时髦的人质问题(伊朗人质、劫机人质等),这些书中早就有了,秦始皇的父亲便是受害者,堪称"人质之父".

《庄子》超尘绝俗,不屑于名利.其中"秋水""解牛"诸篇,诚绝唱也.《论语》束身严谨,勇于面世,"己所不欲,勿施于人",有长者之风.司马迁的《报任少卿书》,读之我心两伤,既伤少卿,又伤司马;我不知道少卿是否收到这封信,希望有人做点研究.我也爱读鲁迅的杂文,果戈理、梅里美的小说.我非常敬重文天祥、秋瑾的人品,常记他们的诗句:"人生自古谁无死,留取丹心照汗青""休言女子非英物,夜夜龙泉壁上鸣".唐诗、宋词,《西厢记》《牡丹亭》,丰富我文采,澡雪我精神,其中精粹,实是人间神品.

读了邓拓的《燕山夜话》,既叹服其广博,也使我动了写《科学发现纵横谈》的心.不料这本小册子竟给我招来了上千封鼓励信.以后人们便写出了许许多多的"纵横谈".

从学生时代起,我就喜读方法论方面的论著.我想,做什么事情都要讲究方法,追求效率、效果和效益,方法好能事半而功倍.我很留心一些著名科学家、文学家写的心得体会和经验.我曾惊讶为什么巴尔扎克在51年短短的一生中能写出上百本书,并从他的传记中去寻找答案.文史哲和科学的海洋无边无际,先哲们的明智之光沐浴着人们的心灵,我衷心感谢他们的恩惠.

读书的另一面

以上我谈了读书的好处,现在要回过头来说说事情的另一面.

读书要选择.世上有各种各样的书:有的不值一看,有的只值看20分钟,有的可看5年,有的可保存一辈子,有的将永远不朽.即使是不朽的超级名著,由于我们的精力与时间有限,也必须加以选择.决不要看坏书,对一般书,要学会速读.

读书要多思考.应该想想,作者说得对吗?完全吗?适合今天的情况吗?从书本中迅速获得效果的好办法是有的放矢地读书,带着问题去读,或偏重某一方面去读.这时我们的思维处于主动寻找的地位,就像猎人追找猎物一样主动,很快就能找到答案,或者发现书中的问题.

有的书浏览即止,有的要读出声来,有的要心头记住,有的要笔头记录.对重要的专业书或名著,要勤做笔记,"不动笔墨不读书".动脑加动手,手脑并用,既可加深理解,又可避忘备查,特别是自己的灵感,更要及时抓住.清代章学诚在《文史通义》中说:"札记之功必不可少,如不札记,则无穷妙绪如雨珠落大海矣."

许多大事业、大作品,都是长期积累和短期突击相结合的产物.涓涓不息,将成江河;无此涓涓,何来江河?

爱好读书是许多伟人的共同特性,不仅学者专家如此,一些大政治家、大军事家也如此.曹操、康熙、拿破仑、毛泽东都是手不释卷,嗜书如命的人.他们的巨大成就与毕生刻苦自学密切相关.

王梓坤

目

录

1

Butchart-Moser 定理

——2011 年北京大学自主招生压轴题的推广

第一章

0 引言

俗话说:太阳底下无新事.对于数学试题来说也是如此.尽管许多数学考试的名称是新的,但其中的试题却是旧的,或者它的背景是老的.

历史总是惊人的相似,我们今天的许多貌似新颖的试题不过是多年以前某个国家某一类数学考试的试题.下面以一道 1963 年美国中学生数学竞赛第 37 题为原型,探讨 2011 年北京大学自主招生试题的解法及推广和加强,并且通过此题对 Butchart-Moser 定理做一个全面的介绍.我们先看一道美国数学竞赛试题.

【试题】 已知一直线上依序有点 $P_1, P_2, P_3, P_4, P_5, P_6, P_7$(未必等距),设 P 为直线上任意选取的一点,并设 S 为线段 $PP_1, PP_2, \cdots, PP_7$ 的长度的和.当且

仅当点 P 的位置如何,使 S 值为最小( ).

(A)介于 P_1 与 P_7 的中点

(B)介于 P_2 与 P_6 的中点

(C)介于 P_3 与 P_5 的中点

(D)在 P_4

(E)在 P_1

1 题目的解答

1.(2011 年北京大学自主招生理科)求

$$|x-1|+|2x-1|+|3x-1|+\cdots+|2\,011x-1|$$

的最小值.

2.(2006 年高考全国 Ⅱ 卷理科 12 题)函数

$$f(x)=\sum_{n=1}^{19}|x-n|$$ 的最小值为( ).

(A)190　　(B)171　　(C)90　　(D)45

解法探究 两道试题所涉及的函数,都是多个一次函数加绝对值复合而成的,处理绝对值问题最常用的方法就是分类讨论,基于此,下面分别给出解答:

1.**解析** 由零点分区间法讨论去绝对值.

当 $x\in\left(-\infty,\dfrac{1}{2\,011}\right]$ 时

$$f(x)=(1-x)+(1-2x)+\cdots+(1-2\,011x)$$

斜率

$$k_1=-1-2-3-\cdots-2\,011$$

当 $x\in\left(\dfrac{1}{2\,011},\dfrac{1}{2\,010}\right]$ 时

$$f(x)=(1-x)+(1-2x)+\cdots+(1-2\,010x)+$$
$$(2\,011x-1)$$

斜率

$$k_2 = -1 - 2 - 3 - \cdots - 2\,010 + 2\,011$$

当 $x \subset \left(\dfrac{1}{2\,010}, \dfrac{1}{2\,009} \right]$ 时

$$f(x) = (1-x) + (1-2x) + \cdots + (1-2\,009x) +$$
$$(2\,010x - 1) + (2\,011x - 1)$$

斜率

$$k_3 = -1 - 2 - 3 - \cdots - 2\,009 + 2\,010 + 2\,011$$
$$\vdots$$

当 $x \in \left(\dfrac{1}{m+1}, \dfrac{1}{m} \right]$ 时

$$f(x) = (1-x) + (1-2x) + \cdots + (1-mx) +$$
$$[(m+1)x - 1] + \cdots + (2\,011x - 1)$$

斜率

$$k_{2\,012-m} = -1 - 2 - \cdots - m + (m+1) +$$
$$(m+2) + \cdots + 2\,011$$

当 $x \in \left(\dfrac{1}{m}, \dfrac{1}{m-1} \right]$ 时

$$f(x) = (1-x) + (1-2x) + \cdots +$$
$$[1 - (m-1)x] + (mx - 1) + \cdots +$$
$$(2\,011x - 1)$$

斜率

$$k_{2\,013-m} = -1 - 2 - \cdots - (m-1) + m + (m+1) + \cdots + 2\,011$$
$$\vdots$$

设当 $x = m$ 时，$f(x)$ 取得最小值，则有

$$\begin{cases} k_{2\,012-m} \leqslant 0 \\ k_{2\,013-m} \geqslant 0 \end{cases}$$

即 $\begin{cases} -1 - 2 - \cdots - m + (m+1) + (m+2) + \cdots + 2\,011 \leqslant 0 \\ -1 - 2 - \cdots - (m-1) + m + (m+1) + \cdots + 2\,011 \geqslant 0 \end{cases}$

即

3

$$\begin{cases} (m-1)m \leqslant 1\,006 \times 2\,011 \\ m(m+1) \geqslant 1\,006 \times 2\,011 \end{cases}$$

由于 $m \in \mathbf{N}_+$,解得

$$m = 1\,422$$

所以当 $x \in \left(\dfrac{1}{1\,423}, \dfrac{1}{1\,422} \right]$ 时

$$\begin{aligned} f(x) &= (1-x) + (1-2x) + \cdots + (1-1\,422x) + \\ &\quad (1\,423x - 1) + \cdots + (2\,011x - 1) \\ &= 833 - 440x \end{aligned}$$

即 $$f_{\min}(x) = f\left(\frac{1}{1\,422} \right) = \frac{592\,043}{711}$$

2. 解析 $f(x) = \sum_{n=1}^{19} |x - n| = |x-1| + |x-2| + |x-3| + \cdots + |x-19|$ 表示数轴上一点到 1,2, 3,$\cdots$,19 的距离之和,可知 x 在 1~19 最中间时 $f(x)$ 取最小值,即 $x = 10$ 时,$f(x)$ 有最小值 90,故选 C.

试题推广 题目做完了,心底不由地问自己,这种问题考了又考,能否从这两道题出发,推广,总结,达到做一题通一类. 为此,笔者顺势而下,进行了推广:

推广 设函数 $f(x) = \sum_{i=1}^{n} p_i |x - a_i|$ ($p_i, a_i \in \mathbf{R}$).

(1) 若 $\sum_{i=1}^{n} p_i > 0$,则 $f_{\min}(x) = \min\{f(a_1), f(a_2), \cdots, f(a_n)\}$,无最大值;

(2) 若 $\sum_{i=1}^{n} p_i = 0$,则 $f_{\min}(x) = \min\{f(a_1), f(a_2), \cdots, f(a_n)\}$,无最大值.

2　Chester McMaster 问题

1949 年,美国创刊的《π,μ,ε》(Pi , Mu , Epslion)杂志的第 328 页,刊登了纽约市的 Chester McMaster 提出的一个有趣的初等数学问题(编号为 41 题):

> 聚集在纽约市的象棋大师,多于美国其他地方的象棋大师. 象棋大师们计划组织一次象棋比赛,所有的美国象棋大师均应参赛. 而且,比赛应该在使所有参赛大师旅途总和最小的地方举行. 纽约的象棋大师主张,这次比赛必须在他们所在的城市举行. 而西部地区的象棋大师则认为,赛址应选在位于或邻近所有参赛人的中心的城市举行. 双方争执不下,试问,比赛应在什么地方举行为佳?

Chester McMaster 自己给出了一个绝妙的解答,证明了还是纽约市象棋大师的主张是正确的.

证明　$A = \{A_i \mid 1 \leqslant i \leqslant n\} \triangleq$ 纽约的象棋大师; $B = \{B_i \mid 1 \leqslant i \leqslant m\} \triangleq$ 其他地区的象棋大师.

由已知 $m = |B| < |A| = n$,建立一个映射

$$f : B_i \rightarrow A_i \quad (i = 1,2,\cdots,m)$$

再用此映射,将 A 划分为 $A = X \cup Y$,有

$$X \triangleq \{A_i \mid f(B_i) = A_i, i = 1,2,\cdots,m\}$$

$$Y \triangleq \{A_i \mid \overline{\exists} B_i \in B, 使 f(B_i) = A_i\}$$

则 $X \cap Y = \varnothing$,且

$$X = \{A_i,\cdots,A_m\}, Y = \{A_{m+1},\cdots,A_n\}$$

（1）$A_i \in X$，则不论赛址选在哪，A_i 与 B_i 总要有一段旅途，当然其旅途长的和最小为 A_iB_i，即纽约距 B_i 所在城市的距离. 由此，全部参赛大师旅途总和 $S \geqslant \sum_{i=1}^{m} A_iB_i$，等号当且仅当赛址选在纽约市时可取得.

（2）假如赛址选在纽约以外的 O 地，则

$$
\begin{aligned}
S &= \sum_{i=1}^{n} A_iO + \sum_{i=1}^{m} B_iO \\
&= \left(\sum_{X} A_iO + \sum_{i=1}^{m} B_iO \right) + \sum_{Y} A_iO \\
&\geqslant \sum_{i=1}^{m} A_iB_i + \sum_{Y} A_iO > \sum_{i=1}^{m} A_iB_i
\end{aligned}
$$

由此可见，还是将赛址选在纽约最经济.

3　J. H. Butchart，Leo Moser 问题

1952 年美国一个专门登载数学概念注释、原理解说及数学史文章的中学教师刊物——《数学文集》（*Scripta Mathematica*）发表了 J. H. Butchart 和 Leo Moser 的一篇文章，题为《请不要利用微积分》（*No Calculs Please*）. 在这篇文章中，他们研究了与赛场选址问题相类似的一个问题.

问题　在数轴上有 n 个点，$x_1 < x_2 < \cdots < x_n$，今要在数轴上选取一点 x，使此点到以上 n 个点的距离总和最小.

他们的想法是：当 x 位于 x_1 和 x_n 之间时，距离 $|x_1x| + |xx_n|$ 最小. 现在，将 n 个点从外向里配对，从而形成一些逐渐向里缩小的区间 (x_1, x_n)，(x_2, x_{n-1})，…. 如果 n 是一个奇数，那么在配对时只有标号

为 $\dfrac{n+1}{2}$ 的点 $x_{\frac{n+1}{2}}$ 无对可配. 由于是每一对中的两个点至 x 的距离, 只有当点 x 位于这两点之间时最小. 所以, 当 x 位于最里层区间时, 同时可使各对点到该点的距离最小. 因此, 若 n 为偶数, 则有

$$S = x_1 x + x_2 x + \cdots + x_n x \geqslant x_1 x_n + x_2 x_{n-1} + \cdots$$

当且仅当 x 位于最里层区间时方取等号. 当 n 为奇数时, 取 $x = x_{\frac{n+1}{2}}$ 则可得到同样的最小值.

4　几个特例

Butchart 和 Moser 问题实质上就是一类绝对值极值问题. $n = 3$ 时, 可表述为:

定理 1　（1985 年上海市初中数学竞赛）设 a, b, c 为常数, 且 $a < b < c$, 则

$$y = |x - a| + |x - b| + |x - c|$$

的最小值是当 $x = b$ 时, $y_{\min} = c - a$.

我们可以用另外的常用方法加以证明.

证明　首先去掉绝对值, 分以下几种情况:

（1）当 $x \geqslant c$ 时

$$y = (x - a) + (x - b) + (x - c) = 3x - (a + b + c)$$

（2）当 $b \leqslant x < c$ 时

$$y = (x - a) + (x - b) - (x - c) = x - (a + b - c)$$

（3）当 $a \leqslant x < b$ 时

$$y = (x - a) - (x - b) - (x - c) = -x + (-a + b + c)$$

（4）当 $x \leqslant a$ 时

$$y = -(x - a) - (x - b) - (x - c) = -3x + (a + b + c)$$

由此, 我们得到函数 $y = |x - a| + |x - b| + |x - c|$ 的图像, 如图 1 所示.

其中 $A(b,c-a)$，$B(a,-2a+b+c)$，$D(c,2c-a-b)$.

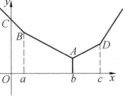

因为图像是折线，所以最小值必定在 A,B,D 这三个折点处取得. 因为

$$c-a < -2a+b+c$$
$$c-a < 2c-a-b$$

图 1

所以最小值一定在点 A 处取得，即当 $x=b$ 时，$y_{\min} = c-a$.

若我们取 $a=p,b=15,c=p+15$，则可得到 1983 年第 1 届美国数学邀请赛试题.

试题 A 设 $f(x) = |x-p| + |x-15| + |x-p-15|$，其中 $0 < p < 15$. 决定在区间 $p \leqslant x \leqslant 15$ 上 $f(x)$ 的最小值.

显然有 $x=15$ 时，$f(x)_{\min} = 15$.

我们或许还可以搞得再复杂一点. 有如下试题：

试题 A′ 若 $7 \leqslant p \leqslant 8$. 求函数 $y = |x+15-p| + |x+2p-5| + |x+3p-17|$ 的最小值，并求出与函数最小值对应的 p,x 的值.

解 函数可化为
$$y = |x-(p-15)| + |x-(5-2p)| + |x-(17-3p)|$$
因为
$$p \geqslant 7 \Rightarrow 3p \geqslant 21 \Rightarrow p-15 \geqslant 6-2p > 5-2p$$
$$p \leqslant 8 \Rightarrow 4p \leqslant 32 \Rightarrow p-15 \leqslant 17-3p$$
所以
$$5-2p < p-15 \leqslant 17-3p$$
故求 y 的最小值转化为定理 1. 因为 $7 \leqslant p \leqslant 8$，从而有 $-8 \leqslant p-15 \leqslant -7$，所以当 $x=p-15$ 时

8

$$y_{\min} = (17 - 3p) - (5 - 2p) = 12 - p$$

故当 $p = 8$,即 $x = -7$ 时,$y_{\min} = 4$.

5　定理 1 的推广

将定理 1 推广至一般情况即是下列的定理:

Butchart-Moser 定理　设 $a_1 \leqslant a_2 \leqslant \cdots \leqslant a_n$,则函数

$$f(x) = |x - a_1| + |x - a_2| + \cdots + |x - a_n|$$

(1)$n = 2k$ 时,区间 $[a_k, a_{k+1}]$ 上每点都是 $f(x)$ 的最小值点,且

$$f(x)_{\min} = \sum_{j=k+1}^{n} a_j - \sum_{j=1}^{k} a_j$$

(2)$n = 2k + 1$ 时,最小值点为 a_k,且

$$f(x)_{\min} = \sum_{j=k+1}^{n} a_j - \sum_{j=1}^{k} a_j$$

如果我们将每个绝对值加上权的话,那么可得到更一般的定理.

定理 2　若 $a_1 < a_2 < \cdots < a_n, \lambda_1, \lambda_2, \cdots, \lambda_n$ 为正有理数,则函数

$$f(x) = \lambda_1 |x - a_1| + \lambda_2 |x - a_2| + \cdots + \lambda_n |x - a_n|$$

存在唯一的极小值.

证明　设 $\lambda_i = \dfrac{\beta_i}{\alpha_i}, \alpha_i, \beta_i \in \mathbf{N}, i = 1, 2, \cdots, n$,记

$\alpha = \prod\limits_{j=1}^{n} \alpha_j$,我们将 $f(x)$ 写成

$$f(x) = \frac{1}{2\alpha} \sum_{i=1}^{n} 2\alpha\lambda_i |x - a_i|$$

再记 $\theta = \dfrac{1}{2\alpha}, \sigma_i = \alpha\lambda_i$,则 $m_i \in \mathbf{N}$,且

$$f(x) = \theta \sum_{i=1}^{n} 2\sigma_i \mid x - a_i \mid$$

将下面的 $2(\sigma_1 + \cdots + \sigma_n)$ 个数

$$\underbrace{a_1, \cdots, a_1}_{2\sigma_1 \uparrow}; \quad \underbrace{a_2, \cdots, a_2}_{2\sigma_2 \uparrow}; \quad \cdots; \quad \underbrace{a_n, \cdots, a_n}_{2\sigma_n \uparrow}$$

依次记为

$$b_1 \leqslant b_2 \leqslant \cdots \leqslant b_{2(\sigma_1 + \sigma_2 + \cdots + \sigma_n)}$$

于是

$$f(x) = \theta \sum_{j=1}^{2(\sigma_1 + \sigma_2 + \cdots + \sigma_n)} \mid x - b_j \mid$$

由 Butchart-Moser 定理知，$f(x)$ 在 $x = b_{\sigma_1 + \sigma_2 + \cdots + \sigma_n}$ 处取到最小值

$$f_{\min}(x) = f(b_{\sigma_1 + \sigma_2 + \cdots + \sigma_n})$$

下面我们给出 $b_{\sigma_1 + \sigma_2 + \cdots + \sigma_n}$ 的求法. 由于当

$$2(\sigma_1 + \cdots + \sigma_{s-1}) + 1 \leqslant j \leqslant 2(\sigma_1 + \cdots + \sigma_s)$$

时有 $b_j = a_s, s = 1, 2, \cdots, n$，因此使 $b_{\sigma_1 + \cdots + \sigma_s} = a_s$ 的那个 s 必须满足

$$2(\sigma_0 + \sigma_1 + \cdots + \sigma_{s-1}) < \sigma_1 + \sigma_2 + \cdots + \sigma_n$$
$$\leqslant 2(\sigma_1 + \sigma_2 + \cdots + \sigma_s)$$

其中 $\sigma_0 = 0$，它仅在 $s = 1$ 时起作用. 用 $2\alpha = 2\prod_{j=1}^{n} \alpha_j$ 除上式各边得

$$\lambda_0 + \lambda_1 + \cdots + \lambda_{s-1} < \frac{\lambda_1 + \cdots + \lambda_n}{2} \leqslant \lambda_1 + \cdots + \lambda_s$$

其中 $\lambda_0 = 0$，它仅在 $s = 1$ 时起作用，利用上面的不等式组可以定出 s 的值. 并且这个值是唯一确定的. 由 s 便可得到 $f_{\min}(x)$ 和最小值点. 需要指出的是虽然 s 值是唯一的，但是 $f(x)$ 的最小值点有时可能出现不唯一的情形.

如果允许使用一点极限的知识,那么我们还可以
将 λ_j 推广至任意实数的情形.

定理 3(施咸亮) 设 $a_1 < a_2 < \cdots < a_n$, $\lambda_l > 0$ ($l = 1, \cdots, n$),那么函数

$$f(x) = \sum_{i=1}^{n} \lambda_i \mid x - a_i \mid$$

对一切 x 满足不等式 $f(x) \geqslant f(a_s)$,即 $f_{\min}(x) = f(a_s)$,
其中 $s \in \mathbf{Z}$ 且满足如下的不等式组

$$\sum_{i=0}^{s-1} \lambda_i < \frac{1}{2} \sum_{i=1}^{n} \lambda_i \leqslant \sum_{i=1}^{s} \lambda_i \qquad (1)$$

证明 先设 s 满足式(1)中的不等式的严格不等
号,那么存在充分小的正数 ε,使得

$$\sum_{i=0}^{s-1} \lambda_i + 2n\varepsilon < \frac{1}{2} \sum_{i=1}^{n} \lambda_i < \sum_{i=1}^{s} \lambda_i - 2n\varepsilon \qquad (2)$$

我们取 $\mathbf{Q}_+$ 中的 n 个序列 $\{\lambda_{1,j}\}, \cdots, \{\lambda_{n,j}\}$,使得

$$|\lambda_{l,j} - \lambda_l| < \varepsilon \quad (l = 1, \cdots, n; j = 1, \cdots, n) \qquad (3)$$

$$\lim_{j \to \infty} \lambda_{l,j} = \lambda_l \quad (l = 1, \cdots, n)$$

由 Butchart-Moser 定理的证明可见,当 $x \notin [a_1, a_n]$ 时

$$f(x) \geqslant \min\{f(a_1), f(a_n)\}$$

因此我们只需在区间 $[a_1, a_n]$ 上考查 $f(x)$. 在此区间
上的函数列

$$f_i(x) = \sum_{l=1}^{n} \lambda_{l,j} \mid x - a_l \mid$$

收敛于 $f(x)$,因此,假如诸函数 $f_j(x)$ 有共同的最小值
点 x^*,则 x^* 也必定是 $f(x)$ 的最小值点. 由此可见,我
们只需证当式(1)成立,且右边不等号成立时,点 a_s 是
所有 $f_j(x)$ 的共同最小值点,那么 a_s 便是 $f(x)$ 的最小
值点,因为 $\lambda_{l,j} \in \mathbf{Q}_+$,所以由定理 3,只要证明对每个 j
有

$$\lambda_0 + \sum_{l=1}^{s-1} \lambda_{l,j} < \frac{1}{2} \sum_{l=1}^{n} \lambda_{l,j} < \sum_{l=1}^{n} \lambda_{l,j} \qquad (4)$$

其中 s 是式(1)的解(右边成立且严格遵循不等号).

事实上,由式(2)和(3),得

$$\lambda_0 + \sum_{l=1}^{s-1} \lambda_{l,j} < \sum_{l=1}^{s-1} \lambda_l + n\varepsilon < \frac{1}{2} \sum_{l=1}^{n} \lambda_l - n\varepsilon$$

$$< \frac{1}{2} \sum_{l=1}^{n} (\lambda_{l,j} + \varepsilon) - n\varepsilon$$

$$< \frac{1}{2} \sum_{l=1}^{n} \lambda_{l,j}$$

类似地可以证明

$$\frac{1}{2} \sum_{l=1}^{n} \lambda_{l,j} < \sum_{l=1}^{s} \lambda_{l,j}$$

因此式(4)成立,从而 $f(x) \geqslant f(a_s)$ 成立.

再设式(1)的右边等号成立,即

$$\sum_{l=0}^{s-1} \lambda_l < \frac{1}{2} \sum_{l=1}^{n} \lambda_l = \sum_{l=1}^{s} \lambda_l$$

取一个充分小的 ε,使得

$$\sum_{l=0}^{s-1} \lambda_l + 2n\varepsilon < \frac{1}{2} \sum_{l=1}^{n} \lambda_l$$

再取 $\mathbf{Q}_+$ 中的序列使得:

(1) $|\lambda_{l,j} - \lambda_l| < \varepsilon (l=1,\cdots,n; j=1,2,\cdots)$;

(2) 当 $l=1,\cdots,s$ 时,$\lambda_{l,j} > \lambda_l$;当 $l=s+1,\cdots,n$ 时,$\lambda_{l,j} < \lambda_l$;

(3) $\lim_{j\to\infty} \lambda_{l,j} = \lambda_l (l=1,\cdots,n)$.

这时对于每个 j 有

$$\lambda_0 + \sum_{l=1}^{s-1} \lambda_{l,j} < \sum_{l=1}^{s-1} \lambda_l + n\varepsilon < \frac{1}{2} \sum_{l=1}^{n} \lambda_l - n\varepsilon < \frac{1}{2} \sum_{l=1}^{n} \lambda_{l,j}$$

另外有

$$\sum_{l=s+1}^{n} \lambda_{l,j} < \sum_{l=s+1}^{n} \lambda_l = \sum_{l=1}^{s} \lambda_l < \sum_{l=1}^{s} \lambda_{l,j}$$

由定理 2 知 a_s 是诸函数 $f_j(x)$ 的公共最小值点,因为 $f_j(x)$ 收敛于 $f(x)$,所以它也是 $f(x)$ 的最小值点. 证毕.

由定理 2 及施咸亮定理立即可求得下列函数:

$(1) f(x) = \displaystyle\sum_{k=1}^{6} k \left| x - \frac{1}{2^k} \right|$;

$(2) f(x) = \displaystyle\sum_{k=1}^{100} 2^k |x - k|$;

$(3) f(x) = \displaystyle\sum_{k=1}^{n} \pi^k |x - a_k|$,其中 $a_1 < a_2 < \cdots < a_n$.

的最小值分别为 $\dfrac{45}{32}, 2^{100} \displaystyle\sum_{k=1}^{99} \dfrac{k}{2^k}, \displaystyle\sum_{k=1}^{n-1} \pi |a_n - a_k|$.

6 一个类似的问题

在 1961 年 12 月 2 日举行的第 22 届 Putnam 数学竞赛中也出现了一个绝对值和的极值问题,只不过是求极大值,但上述方法仍可借鉴.

试题 B 设有 n 个非负实数 x_k 满足不等式 $0 \leqslant x_k \leqslant 1 (k = 1, 2, \cdots, n)$,试确定下面 n 元函数的极大值

$$\sum_{1 \leqslant i < j \leqslant n} |x_i - x_j|$$

借鉴定理 1 的证法,我们可有如下的证法.

证法 1 不妨设 $1 \geqslant x_1 \geqslant x_2 \geqslant \cdots \geqslant x_n \geqslant 0$,则

$$\sum_{1 \leqslant i < j \leqslant n} |x_i - x_j| = (n-1)x_1 + (n-3)x_2 + \cdots + \left(n + 1 - 2 \left[\frac{n+1}{2} \right] \right) x_{\left[\frac{n+1}{2} \right]} + \cdots +$$

$$(3-n)x_{n-1}+(1-n)x_n$$

其中 $\left[\dfrac{n+1}{2}\right]$ 表示不超过 $\dfrac{n+1}{2}$ 的最大整数. 为使

$\displaystyle\sum_{1\le i<j\le n}|x_i-x_j|$ 达到最大值,当且仅当上式中,系数为

正数的 x_i 取最大值 1,系数为负数的 x_i 取最小值 0,也就是当且仅当

$$x_1=x_2=\cdots=x_{\left[\frac{n+1}{2}\right]}=1$$
$$x_{\left[\frac{n+1}{2}\right]+1}=\cdots=x_{n-1}=x_n=0$$

故最大值等于

$$(n-1)+(n-3)+\cdots+\left(n+1-2\left[\frac{n+1}{2}\right]\right)$$

$$=\left[\frac{n+1}{2}\right]\left(n-\left[\frac{n+1}{2}\right]\right)$$

$$=\begin{cases}\dfrac{n^2}{4},\text{当 }n\text{ 是偶数时}\\[2mm]\dfrac{n^2-1}{4},\text{当 }n\text{ 是奇数时}\end{cases}$$

$$=\left[\frac{n^2}{4}\right]$$

其中 $\left[\dfrac{n^2}{4}\right]$ 表示不超过 $\dfrac{n^2}{4}$ 的最大整数.

如果我们使用凸函数的理论,那么可有如下的证法.

证法 2 我们先将 x_1 视为变量,而固定其余 $n-1$ 个量,易证已知的函数(记为 $f(x_1)$)是下凸的,于是除 $f(x_1)=C$(常数),我们有

$$\max f(x_1)=\max\{f(0),f(1)\}$$

已知函数在 $\mathbf{R}^n$ 内的定义域是一个有界闭集,故必在某点 n 数组达到极大值. 由于我们将 x_1 取作 0 或

14

1 时,得到的两个 $n-1$ 元函数的极大值没有变小. 依此类推,当全部 $x_1, x_2, \cdots, x_n$ 分别取为 0 或 1 时,所求函数必定会达到它的极大值.

若诸 x_k 中有 p 个取为 0,有 $n-p$ 个取为 1,则所求函数即化为

$$p(n-p) = \left(\frac{n}{2}\right)^2 - \left(\frac{n}{2} - p\right)^2$$

因此,当 n 为偶数时,取 $p = \frac{n}{2}$,即得到所求函数的极大值为 $\frac{n^2}{4}$;当 n 为奇数时,取 $p = \frac{n \pm 1}{2}$,即得到所求函数的极大值为 $\frac{n^2 - 1}{4}$.

对于极大值问题,我们还可以得到如下有趣的结论.

定理 4 对任意 $n \in \mathbf{N}$,设 $s_1, s_2, \cdots, s_n$ 是任意的实数,$t_1, t_2, \cdots, t_n$ 满足 $t_1 + t_2 + \cdots + t_n$ 是任意的实数,则 $\sum_{k=1}^{n} \sum_{j=1}^{n} t_k t_j |s_k - s_j|$ 的极大值为 0.

证明 只需证不等式 $\sum_{k=1}^{n} \sum_{j=1}^{n} t_k t_j |s_k - s_j| \leqslant 0$ 恒成立即可.

(1)当 $n = 2$ 时,可利用恒等式

$$(t_1 + t_2)^2 - (t_1 - t_2)^2 = 4t_1 t_2$$

再利用 $t_1 + t_2 = 0$ 即可证明.

(2)当 $n = 3$ 时,有

$$0 = (t_1 + t_2 + t_3)^2 = t_1^2 + t_2^2 + t_3^2 + 2t_1 t_2 + 2t_2 t_3 + 2t_3 t_1$$

故

$2t_1 t_2 |s_1 - s_2| + 2t_2 t_3 |s_1 - s_2| + 2t_3 t_1 |s_1 - s_2| + 2t_1 t_2 |s_2 -$

$s_3 | + 2t_2t_3 | s_2 - s_3 | + 2t_3t_1 | s_2 - s_3 | + 2t_1t_2 | s_3 - s_1 | + 2t_2t_3 | s_3 - s_1 | + 2t_3t_1 | s_3 - s_1 | =$

$-(t_1^2 + t_2^2 + t_3^2)(| s_1 - s_2 | + | s_2 - s_3 | + | s_3 - s_1 |) + 2t_3(t_2 + t_1) | s_2 - s_1 | + 2t_1(t_2 + t_3) | s_2 - s_3 | + 2t_2(t_1 + t_3) | s_1 - s_3 | =$

$-(t_1^2 + t_2^2 + t_3^2)(| s_1 - s_2 | + | s_2 - s_3 | + | s_3 - s_1 |) + 2t_3^2 | s_1 - s_2 | + 2t_1^2 | s_2 - s_3 | + 2t_2^2 | s_3 - s_1 | =$

$-t_1^2(| s_1 - s_2 | + | s_3 - s_1 |) + t_1^2 | s_2 - s_3 | - t_2^2(| s_1 - s_2 | + | s_2 - s_3 |) + t_2^2 | s_3 - s_1 | - t_3^2(| s_2 - s_3 | + | s_3 - s_1 |) + t_3^2 | s_1 - s_2 |$

再注意到对任意实数 α, β, γ，有 $|\alpha - \beta| \leqslant |\alpha - \gamma| + |\gamma - \beta|$，于是 $n = 3$ 时不等式成立.

一般情况完全可用类似的方法证明.

7 Butchart-Moser 定理与数学奥林匹克

单墫教授指出，奥林匹克数学不是大学数学，因为它的内容并不超过中学生所能接受的范围；它也不是中学数学，因为它有很多高等数学的背景，采用了许多现代数学中的思想方法. 它是一种"中间数学"，起着联系着中学数学与现代数学的桥梁作用. 很多新思想、新方法、新内容通过这座桥梁，源源不断地输入中学，促使中学数学发生一系列改革，从而跟上时代的脚步.

Butchart-Moser 定理一经提出马上引起了世界各国竞赛命题专家的注意，并将其引入到本国的竞赛中，而且给出了中学生易于接受的三角不等式证法.

试题 C （1978 年民主德国数学奥林匹克；1980 年捷克数学奥林匹克）对给定的数组 $a_1 < a_2 < \cdots < a_n$，是否存在点 $x \in \mathbf{R}$，使得函数

$$f(x) = \sum_{i=1}^{k} \mid x - a_i \mid$$

取到最小值? 如果存在,那么求出所有这样的点,并求
函数 $f(x)$ 的最小值.

　　在中学数学中涉及绝对值不等式时一般都采用三
角不等式证法,下面给出的证法仅用到了三角不等式,
所以很适合中学生.

　　证明　首先设 $n = 2k$,其中 $k \in \mathbf{N}$,由三角不等式,
有

$$\begin{cases} \mid x - a_1 \mid + \mid x - a_n \mid \geqslant a_n - a_1 \\ \mid x - a_2 \mid + \mid x - a_{n-1} \mid \geqslant a_{n-1} - a_2 \\ \quad\quad\vdots \\ \mid x - a_k \mid + \mid x - a_{k+1} \mid \geqslant a_{k+1} - a_k \end{cases}$$

由此得到

$$f(x) = \sum_{i=1}^{n} \mid x - a_i \mid \geqslant \sum_{j=1}^{k} (a_{n-j+1} - a_j)$$

于是,如果 $x \in [a_k, a_{k+1}]$,那么

$$f(x) = \sum_{j=1}^{k} (a_{n-j+1} - a_j)$$

另外,如果 $x \notin [a_k, a_{k+1}]$,那么

$$\mid x - a_k \mid + \mid x - a_{k+1} \mid > a_{k+1} - a_k$$

从而

$$f(x) > \sum_{j=1}^{k} (a_{n-j+1} - a_j)$$

于是,对任意 $x \in [a_k, a_{k+1}]$,函数 $f(x)$ 取到最小值

$$\sum_{j=1}^{k} (a_{n-j+1} - a_j)$$

现设 $n = 2k + 1$,其中 $k \in \mathbf{N}$,则

$$\begin{cases} |x - a_1| + |x - a_n| \geqslant a_n - a_1 \\ |x - a_2| + |x - a_{n-1}| \geqslant a_{n-1} - a_2 \\ \qquad\qquad \vdots \\ |x - a_{k-1}| + |x - a_{k+1}| \geqslant a_{k+1} - a_{k-1} \\ |x - a_k| \geqslant 0 \end{cases}$$

由此得到

$$f(x) = \sum_{i=1}^{n} |x - a_i| \geqslant \sum_{j=1}^{k-1} (a_{n-j+1} - a_j)$$

因此,如果 $x = a_k$,那么

$$f(x) = \sum_{j=1}^{k-1} (a_{n-j+1} - a_j)$$

而如果 $x \neq a_k$,那么

$$f(x) \geqslant \sum_{j=1}^{k-1} (a_{n-j+1} - a_j) + |x - a_k|$$

$$> \sum_{j=1}^{k-1} (a_{n-j+1} - a_j)$$

于是,当 $x = a_k$ 时,函数 $f(x)$ 取得最小值

$$\sum_{j=1}^{k-1} (a_{n-j+1} - a_j)$$

实际上,以上的证明过程不过是用中学生熟悉的语言证明了 Butchart-Moser 定理.

当代著名数学大师陈省身教授曾经指出:"一个好的数学家与一个蹩脚的数学家,差别在于前者手中有很多具体的例子,后者则只有抽象的理论."奥林匹克数学正是给一般的理论提供了很多具体的范例.

例如在 1950 年 3 月 25 日举行的第 10 届美国 Putnam 数学竞赛(The William Lowell Putnam Mathematical Competition)中有一题就是定理 2 的通俗化描述,并且其解答也摆脱了定理 2 证明中那种专业味道,

显得平易近人,这对数学的普及无疑是十分有益的.

试题 D　在一条笔直的大街上,有 n 座房子,每座房子里有一个或更多个小孩,问:他们应在什么地方相会,走的路程之和才能尽可能地小?

解　用数轴表示笔直的大街,n 座房子分别位于 $x_1, x_2, \cdots, x_n$ 处,设 $x_1 < x_2 < \cdots < x_n$,又设各座房子分别有 $a_1, a_2, \cdots, a_n$ 个小孩子,$m = a_1 + a_2 + \cdots + a_n$ 是小孩的总数.那么,问题等价于求实数 x,使

$$f(x) = a_1 |x - x_1| + a_2 |x - x_2| + \cdots + a_n |x - x_n|$$

达到最小.

因为当 $x < x_1$ 时

$$\begin{aligned}
f(x) &= a_1(x_1 - x) + a_2(x_2 - x) + \cdots + a_n(x_n - x) \\
&> a_1(x_1 - x_1) + a_2(x_2 - x_1) + \cdots + a_n(x_n - x_1) \\
&= f(x_1)
\end{aligned}$$

所以最小值不能在 $(-\infty, x_1)$ 中达到.同理可证,也不能在 $(x_n, +\infty)$ 中达到.因为当 $x_i \leqslant x \leqslant x_{i+1}$ 时

$$\begin{aligned}
f(x) &= a_1(x - x_1) + \cdots + a_i(x - x_i) + \\
&\quad a_{i+1}(x_{i+1} - x) + \cdots + \\
&\quad a_n(x_n - x)
\end{aligned}$$

是 x 的线性函数,即 $y = f(x)$ 在 $[x_1, x_n]$ 中的图像是折线,顶点是 $(x_1, f(x_1)), (x_2, f(x_2)), \cdots, (x_n, f(x_n))$.又因为

$$\begin{aligned}
f(x_{i+1}) - f(x_i) &= (x_{i+1} - x_i)\big[(a_1 + a_2 + \cdots + a_i) - \\
&\quad (a_{i+1} + a_{i+2} + \cdots + a_n)\big] \\
&= (x_{i+1} - x_i)\big[2(a_1 + \cdots + a_i) - m\big]
\end{aligned}$$

所以

$$f(x_{i+1}) - f(x_i) \begin{cases} >0, 若\ a_1 + \cdots + a_i > \dfrac{m}{2} \\ =0, 若\ a_1 + \cdots + a_i = \dfrac{m}{2} \\ <0, 若\ a_1 + \cdots + a_i < \dfrac{m}{2} \end{cases}$$

从而,当存在 i 使 $a_1 + a_2 + \cdots + a_i = \dfrac{m}{2}$ 时,相会地点可选择在 $[x_i, x_{i+1}]$ 中的任何一个地方,即第 i 座房子和第 $i+1$ 座房子之间的任何一个地方;如果使 $a_1 + a_2 + \cdots + a_i = \dfrac{m}{2}$ 的 i 不存在,那么存在 j,使 $a_1 + \cdots + a_j < \dfrac{m}{2}, a_1 + \cdots + a_j + a_{j+1} > \dfrac{m}{2}$,这时,相会地点可选择在 x_{j+1} 处,即第 $j+1$ 座房子中.

如果说试题 D 中的笔直的大街使人容易联想到数轴,从而建立起贴合于定理 2 那种数学模型,那么我国 1978 年北京数学竞赛第二试的第 4 题则更加生活化.

试题 E 图 2 是一个工厂区的地图,一条公路(粗线)通过这个地区,七个工厂 A_1, $A_2, \cdots, A_7$ 分布在公路两侧,由一些小路(细线)与公路相连. 现在要在公路上设一个长途汽车站,车站到各工厂(沿公路、小路走)的距离总和越小越好. 问:

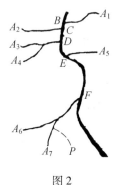

图 2

(1)这个车站设在什么地方最好?

（2）证明你所得的结论.

（3）如果在 P 的地方又建立了一个工厂,并且沿着图上的虚线修了一条小路,那么这时车站设在什么地方好?

我们先来看看原命题委员会当年给出的标准答案.

解 设 B,C,D,E,F 是各小路通往公路的道口.

（1）车站设在点 D 最好.

（2）如果车站设在公路上 D,C 之间的点 S,用 u_1, $u_2,\cdots,u_7$ 表示 S 到各工厂的路程,$w=u_1+u_2+\cdots+u_7$,当 S 向 C 移动一段路程 d 时,u_1,u_2 各减少 d,但 u_3,u_4,u_5,u_6,u_7 各增加 d,所以 w 增加 $5d-2d=3d$. 当 S 自 C 再向 B 移动一段路程 d' 时,w 又增加 $6d'-d'=5d'$. 如果 S 自 B 向北再移动一段路程 d'' 时,w 就再增加 $7d''$. 这说明 S 在点 D 以北的任何地方都不如在点 D 好. 同样,可以证明 S 在点 D 以南的任何地方都不如在点 D 好.

（3）设在 D,E 或 D 与 E 之间的任何地方都可以.

此解答严格地说并没有使我们感到满意,因为它没有很数学化,没能建立起一个数学家所喜闻乐见的函数模型. 下面我们就来弥补这一不足,只需注意以下两点:

①$A_i(1\leqslant i\leqslant 7)$ 与 P 到公路的距离之和是定值 $d(A_1B)+d(A_2C)+d(A_3D)+d(A_4D)+d(A_5E)+d(A_6F)+d(A_7F)$,将其设为 S,加工厂 P 后为 $S+d(PF)$,记为 S_1.

②可将公路拉直,则 B,C,D,E,F 的位置关系不变,且它们之间的距离不变,即这个拉直变换是既保序

又保距的,可将直线视为数轴.

设长途汽车站设在 x 处,则问题变为求

$$f_1(x) = S + |x - a_1| + |x - a_2| +$$
$$2|x - a_3| + |x - a_4| + 2|x - a_5|$$
$$f_2(x) = S_1 + |x - a_1| + |x - a_2| +$$
$$2|x - a_3| + |x - a_4| + 3|x - a_5|$$

的最小值,其中 a_1 是 B 到坐标原点间的距离,a_2 是 C 到坐标原点间的距离,a_3 是 D 到坐标原点间的距离,a_4 是 E 到坐标原点间的距离,a_5 是 F 到坐标原点间的距离.

这样就变成了定理 2 的形式,由定理 2 立即可求得 $f_1(x)$ 和 $f_2(x)$ 的最小值点.

J. W. Tukey 指出,我们一旦模拟了实际系统并以数学术语表达了这个模拟,它就常常被称作一个数学模型,我们就能够从中得到指导以解决各种各样的问题.

8 一道集训队试题

一个好的解题技巧,应该是普适性较强,而不能是专用性极强. 前面的技巧正是如此.

试题 F (1994 年国家数学集训队第一次测验试题)在 $[-1,1]$ 内取 n 个实数 $x_1, x_2, \cdots, x_n$(正整数 $n \geqslant 2$),令 $f_n(x) = (x - x_1)(x - x_2) \cdots (x - x_n)$. 问:是否存在一对实数 a, b,同时满足以下两个条件:

(1) $-1 < a < 0 < b < 1$;

(2) $|f_n(a)| \geqslant 1, |f_n(b)| \geqslant 1$.

解 由对称性,不妨设 $x_1 \leqslant x_2 \leqslant \cdots \leqslant x_n$. 令

$$g(x) = |x - x_1| + |x - x_2| + \cdots + |x - x_n| \quad (5)$$

这里 $x \in [-1, 1]$. 当 x 分别属于区间 $[-1, x_1], [x_1, x_2], \cdots, [x_{[\frac{n}{2}]-1}, x_{[\frac{n}{2}]}]$ 时,将上述的 $g(x)$ 表达式中的绝对值符号去掉,而得到的 x 的一次式中 x 项的系数分别为 $-n, -n+2 \cdot 1, \cdots, -n+2([\frac{n}{2}]-1)$,且均为负数;当 x 属于区间 $[x_{[\frac{n}{2}]}, x_{[\frac{n}{2}]+1}]$ 时,x 项的系数为 $-n+2[\frac{n}{2}]$,即 -1(当 n 为奇数时),或 0(当 n 为偶数时);当 x 分别属于区间 $[x_{[\frac{n}{2}]+1}, x_{[\frac{n}{2}]+2}], \cdots, [x_{n-1}, x_n]$, $[x_n, 1]$ 时,x 项的系数分别为 $-n+2([\frac{n}{2}]+1), \cdots$, $-n+2(n-1), -n+2n$,且均为正数.

　　从而,函数 $g(x)$ 在区间 $[-1, x_{[\frac{n}{2}]}]$ 上严格单调递减,在区间 $[x_{[\frac{n}{2}]}, x_{[\frac{n}{2}]+1}]$ 上严格单调递减或为常值,在区间 $[x_{[\frac{n}{2}]+1}, 1]$ 上严格单调递增.

　　于是,如果

$$-1 \leqslant y_1 < y_2 < y_3 \leqslant 1$$

立刻可以得到

$$g(y_2) \leqslant \max(g(y_1), g(y_3))$$

这里 $\max(g(y_1), g(y_3))$ 表示 $g(y_1), g(y_3)$ 中较大的一个. 例如 $\max(1, 3) = 3, \max(-2, \frac{1}{2}) = \frac{1}{2}$ 等

$$
\begin{aligned}
g(-1) + g(1) &= \sum_{i=1}^{n} |-1 - x_i| + \sum_{i=1}^{n} |1 - x_i| \\
&= \sum_{i=1}^{n} [(1 + x_i) + (1 - x_i)] = 2n
\end{aligned}
$$

$$(6)$$

$$g(0) = \sum_{i=1}^{n} |x_i| \leqslant n \tag{7}$$

如果 $g(-1) \leqslant g(1)$，那么由式(6)，有 $g(-1) \leqslant n$，$\forall a \in (-1, 0)$. 由式(6)和(7)，有

$$g(a) \leqslant \max(g(-1), g(0)) \leqslant n \tag{8}$$

那么，利用几何平均与算术平均不等式，有

$$|f_n(a)| = |a - x_1||a - x_2| \cdots |a - x_n|$$

$$\leqslant \left[\frac{1}{n}(|a - x_1| + |a - x_2| + \cdots + |a - x_n|) \right]^n$$

$$= \left[\frac{1}{n} g(a) \right]^n \leqslant 1 \tag{9}$$

下面我们考虑其中等号成立的条件. 第二个不等式为等式，当且仅当 $g(a) = n$ 时等号成立. 再利用式(8)，可以知道 $g(0), g(-1)$ 中至少有一个为 n. 若 $g(0) = n$，由定理1的推广中的式(4)，可以看到所有 x_i（注意 $x_i \in [-1, 1]$）的绝对值均为 1. 又 $g(a) = n$，如果所有 x_i 为 1，那么

$$g(a) = n(1 - a) > n$$

如果所有 x_i 为 -1，$g(a) = n(a + 1) < n$. 这是一个矛盾，这表明全部 x_i 中，有一些为 1，有一些为 -1. 当 $x_i = 1$ 时，有

$$|a - x_i| = 1 - a > 1$$

当 $x_j = -1$ 时，有 $|a - x_j| = 1 + a < 1$. 这表明式(9)的第一个不等式不可能取等号. 若 $g(-1) = n$，由定理1的推广中的式(3)，有 $g(1) = n$，又 $g(a) = n$，利用前面对 $g(x)$ 递减、递增性质的分析（参考图像），可以知道，$\forall x \in [-1, 1]$，有 $g(x) = n$. 那么 $g(0) = n$，化为前面的情况，从而有 $|f_n(a)| < 1$.

如果 $g(1) \leqslant g(-1)$，由式(6)，那么 $g(1) \leqslant n$. 完全类似上述证明，可以得到 $\forall b \in (0, 1)$，有 $|f_n(b)| <$

1. 因此,满足题目要求的实数对 (a,b) 不存在.

9　结束语

《全苏数学奥林匹克试题》一书的作者在序言中曾这样评价这类竞赛试题:

> 常常有一些题目取自一些游戏,而另一些则取自日常生活,有一些试题是作为一种探讨而提出来的,其目的是为了寻求一种适当的计算方法——最大或最小值的最优估计,这是数学上的一种典型方法……这样一来,通过奥林匹克竞赛试题就能使人们了解到真正的数学——古典的和现代的. 同样,这些试题也多少反映了最新的数学方法,这些方法正逐年变得时兴起来.

以上我们对此类竞赛试题的研究,从某种意义上讲也是一种数学创造,因为正如《美国数学月刊》前主编 P. R. Halmos 所指出:

> 有一种把数学创造分类的方法,它可以是对旧事实的一个新的证明,可以是一个新的事实,或者可以是同时针对几个事实的一种新方法.

就像陈省身先生曾经说过的那样:在中国,如果一件事与吃联系不上的话,那多半是没有前途的. 仿此,在中国这样一个高考占有重要地位的社会中,如果一个数学定理在高考中不考的话,那么是不会有太多人感兴趣的. 所以我们有必要举道高考题为例.

例 (2013 年湖南卷·理 20)在平面直角坐标系 xOy 中,将从点 M 出发,沿纵、横方向到达点 N 的任一路径称为点 M 到点 N 的一条"L 路径". 如图 3 所示的路径 $MM_1M_2M_3N$ 与路径 MN_1N 都是点 M 到点 N 的"L 路径". 某地有三个新建的居民区,分别位于平面 xOy 内的三点 $A(3,20)$,$B(-10,0)$,$C(14,0)$ 处. 现计划在 x 轴上方区域(包含 x 轴)内的某一点 P 处修建一个文化中心.

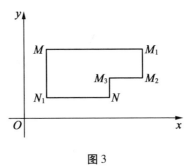

图 3

(1)写出点 P 到居民区 A 的"L 路径"长度最小值的表达式(不要求证明);

(2)若以原点 O 为圆心,半径为 1 的圆的内部是保护区,"L 路径"不能进入保护区,确定点 P 的位置,使其到三个居民区的"L 路径"长度之和最小.

分析 因为"L 路径"的每一段是平行于一条坐标轴的,所以每一段长度可表示同一坐标之差的绝对值. 因此"L 路径"长度和是几个绝对值之和,可利用绝对值不等式等号成立的条件,求最小值.

解 (1)设 $P(x,y)$,点 P 到居民区 A 的"L 路径"

26

长度最小值为 $d = |x-3| + |y-20|$，其中 $x \in \mathbf{R}, y \in [0, +\infty)$.

（2）依题意，点 P 到三个居民区的"L 路径"长度之和的最小值，为点 P 分别到三个居民区的"L 路径"长度之和的最小值.

当 $y \geqslant 1$ 时，可知

$$d = |x+10| + |x-3| + |x-14| + 2|y| + |y-20|$$

由

$$d_1(x) = |x+10| + |x-3| + |x-14|$$
$$\geqslant |x+10| + |x-14|$$

当且仅当 $x=3$ 时，等号成立

$$|x+10| + |x-14| \geqslant |(x+10) - (x-14)| = 24$$

当且仅当 $x \in [-10, 14]$ 时，等号成立. $d_1(x) \geqslant 24$，当且仅当 $x=3$ 时，等号成立.

$d_2(y) = 2y + |y-20| \geqslant 21$，当且仅当 $y=1$ 时，等号成立.

故当点 P 的坐标为 $(3,1)$ 时，点 P 到三个居民区的"L 路径"长度之和最小，且最小值为 45.

当 $0 \leqslant y < 1$ 时，由于"L 路径"不能进入保护区，此时

$$d = |x+10| + |x-3| + |x-14| + 1 + |1-y| + |y| + |y-20|$$

由前述可知

$$d_1(x) = |x+10| + |x-3| + |x-14| \geqslant 24$$

当且仅当 $x=3$ 时，等号成立.

$d_2(y) = 1 + |1-y| + |y| + |y-20| = 22 - y \geqslant 21$

当且仅当 $y=1$ 时，等号成立.

当点 P 的坐标为 $(3,1)$ 时，点 P 到三个居民区的

"L 路径"长度之和最小,且最小值为 45.

综上可知,在 $P(3,1)$ 处建文化中心,可以使"L 路径"长度之和最小,且最小值为 45.

在闭凸集上求 $\min \sum_{i=1}^{n} c_i \|\boldsymbol{x} - \boldsymbol{a}_i\|$ 型最优场址

第二章

(一)

对于 $\min \sum_{i=1}^{n} c_i \|\boldsymbol{x} - \boldsymbol{a}_i\|$ 型最优场址,早在 1937 年 E. Weiszfeld 就给出了一种简单的迭代算法[1],但他对于收敛性的证明是很不严格的. 后来波兰应用数学工作者在选择邮局的最优局址时也曾采用过此法[2],而关于收敛性仍未解决,后来,H. W. Kuhn 于[3]中给出了严格而简单的证明. 于此稍后,我们在[4]中也证明了方法的收敛性并进一步估计了收敛速度. 估计的结果表明,这种迭代法(实际上是一种最速下降法)不仅计算简单而且收敛速度也相当快.

然而在实际中选择最优场址,总是局限于某一范围,显而易见,这种带约束的最优场址问题较之上述非约束的情况更切合实际. 曲阜师范学院的王长钰教授 1978 年推广了上述迭代法而用于欧氏

29

空间闭凸集上的 $\min \sum\limits_{i=1}^{n} c_i \|\boldsymbol{x}-\boldsymbol{a}_i\|$ 型最优场址的求解,并进而证明了它的收敛性.

<h1 style="text-align:center">（二）</h1>

设 $\mathcal{R}$ 是 $m(m \geqslant 2)$ 维欧氏空间, $\mathcal{K}$ 是 $\mathcal{R}$ 中的一个闭凸集. 又设 $\boldsymbol{a}_i(i=1,2,\cdots,n)$ 是 $\mathcal{R}$ 中的 n 个点,命

$$D(\boldsymbol{x}) = \sum_{i=1}^{n} c_i \|\boldsymbol{x}-\boldsymbol{a}_i\|$$

其中 $c_i > 0(i=1,2,\cdots,n)$, $\|\cdot\|$ 表示欧氏模. 在 $\mathcal{K}$ 中求一点 $\boldsymbol{x}^*$ 使

$$D(\boldsymbol{x}^*) = \min_{\boldsymbol{x} \in \mathcal{K}} D(\boldsymbol{x}) \qquad (\mathrm{K})$$

问题 (K) 就是我们所说的闭凸集上的 $\min \sum\limits_{i=1}^{n} c_i \cdot \|\boldsymbol{x}-\boldsymbol{a}_i\|$ 型最优场址问题. 显然,其最优解 $\boldsymbol{x}^*$ 总是存在的.

函数 $D(\boldsymbol{x})$ 是一凸函数,它在点 $\boldsymbol{a}_i(i=1,2,\cdots,n)$ 处不可微,今后称点 $\boldsymbol{a}_i$ 为尖点.

当 $\boldsymbol{a}_i(i=1,2,\cdots,n)$ 共线时,此种情况甚易处理. 以下将只考虑 $\boldsymbol{a}_i(i=1,2,\cdots,n)$ 不共线的情况. 易证此时 $D(\boldsymbol{x})$ 为一严格凸函数,故问题 (K) 的最优解 $\boldsymbol{x}^*$ 必唯一存在.

设 $\boldsymbol{x}^0$ 非尖点,记

$$\lambda_0 = \left(\sum_{i=1}^{n} \frac{c_i}{\|\boldsymbol{x}^0 - \boldsymbol{a}_i\|} \right)^{-1}$$

又记 $D(\boldsymbol{x})$ 在 $\boldsymbol{x}^0$ 处的梯度向量为

$$D_x(\boldsymbol{x}^0) = \sum_{i=1}^{n} \frac{c_i(\boldsymbol{x}^0 - \boldsymbol{a}_i)}{\|\boldsymbol{x}^0 - \boldsymbol{a}_i\|}$$

迭代程序 设在第 k 步已经得到 $x^{(k)} \in \mathscr{K}$,且 $x^{(k)}$ 不为尖点. 则第 $k+1$ 步求

$$\min_{x \in \mathscr{K}} \| x - x^{(k)} + \lambda_k D_x(x^{(k)}) \|$$

(这是在闭凸集 $\mathscr{K}$ 上求到点 $x^{(k)} - \lambda_k D_x(x^{(k)})$ 最小距离的点,这样的点显然存在且唯一).

设

$$\| x^{(k+1)} - x^{(k)} + \lambda_k D_x(x^{(k)}) \|$$
$$= \min_{x \in \mathscr{K}} \| x - x^{(k)} + \lambda_k D_x(x^{(k)}) \|$$

若 $x^{(k+1)} = x^{(k)}$,则 $x^{(k)}$ 即为问题(K)的最优解 x^*;若 $x^{(k+1)} \neq x^{(k)}$,且设 $x^{(k+1)}$ 不为尖点,则以 $x^{(k+1)}$ 代替 $x^{(k)}$,重复上述第 $k+1$ 步.

当 $\mathscr{K} = \mathscr{R}$ 时, $x^{(k+1)} = x^{(k)} - \lambda_k D_x(x^{(k)})$,这就是前述由 E. Weiszfeld 给出的迭代法的递推关系式.

又当 $\mathscr{K}$ 为一凸多面体时,则我们上面给出的迭代算法就是通过每次求出一个特殊、简单的二次规划的最优解来逼近问题(K)的最优解.

下面证明方法的收敛性.

(三)

引理 1 设 $f(x)$ 是 $\mathscr{R}$ 上的凸函数,在点 x^0 处可微,则 x^0 是问题 $\min_{x \in \mathscr{K}} f(x)$ 的最优解的充分与必要条件是它为下述问题的最优解

$$\min_{x \in \mathscr{K}} (f_x(x^0), x - x^0)$$

其中 $(\cdot, \cdot)$ 表欧氏内积, $f_x(x^0)$ 是 $f(x)$ 在点 x^0 的梯度向量.

引理的证明可参看[5]. 由引理 1 便可立即推出.

引理 2 设 x^0 不为尖点,则 x^0 是问题(K)的最优

解的充分与必要条件是它为下述问题的最优解

$$\min_{x \in \mathscr{K}} \| x - x^0 + \lambda_0 D_x(x^0) \|$$

设 $x, y \in \mathscr{R}$,并设

$$T(x, y) = (D_x(x), y - x) + \frac{1}{2}\lambda_x^{-1}\|x - y\|^2$$

则有

引理 3 若 x 不为尖点,则成立着恒等式

$$D(y) - D(x)$$

$$= T(x, y) - \frac{1}{2}\sum_{i=1}^{n}\frac{c_i}{\|x - a_i\|}\{\|x - a_i\| - \|y - a_i\|\}^2$$

证明 $D(y) - D(x) - T(x, y) =$

$D(y) - D(x) - (D_x(x), y - x) -$

$\frac{1}{2}\lambda_x^{-1}\|x - y\|^2 =$

$D(y) - \frac{1}{2}\sum_{i=1}^{n}\frac{c_i}{\|x - a_i\|}\{2\|x - a_i\|^2 +$

$2(y - x, x - a_i) + \|x - y\|^2\} =$

$D(y) - \frac{1}{2}\sum_{i=1}^{n}\frac{c_i}{\|x - a_i\|}\{\|x - a_i\|^2 +$

$\|y - a_i\|^2\} =$

$-\frac{1}{2}\sum_{i=1}^{n}\frac{c_i}{\|x - a_i\|}\{\|x - a_i\| - \|y - a_i\|\}^2$

证毕.

引理 4 对任意的 $x \in \mathscr{K}$,成立着不等式

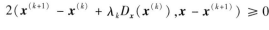

$$(D_x(x^{(k)}), x^{(k+1)} - x) \leqslant -\lambda_k^{-1}(x^{(k+1)} - x^{(k)}, x^{(k+1)} - x)$$

证明 因为 $x^{(k+1)}$ 是问题 $\min\limits_{x \in \mathscr{K}}\|x - x^{(k)} + \lambda_k D_x(x^{(k)})\|^2$
的最优解,所以根据引理 1,对任意的 $x \in \mathscr{K}$,当有

$$2(x^{(k+1)} - x^{(k)} + \lambda_k D_x(x^{(k)}), x - x^{(k+1)}) \geqslant 0$$

亦即

$$\left(D_x(x^{(k)}), x^{(k+1)} - x \right)$$

$$\leq -\lambda_k^{-1} \left(x^{(k+1)} - x^{(k)}, x^{(k+1)} - x \right)$$

证毕.

引理 5　对任意的 $x \in \mathcal{K}$,成立着不等式

$$D(x^{(k+1)}) - D(x) \leq \frac{1}{2}\lambda_k^{-1}\{\|x^{(k)} - x\|^2 - \|x^{(k+1)} - x\|^2\}$$

证明　由函数 $D(x)$ 的凸性,对任意的 $x \in \mathcal{R}$ 有

$$D(x^{(k)}) - D(x) \leq -\left(D_x(x^{(k)}), x - x^{(k)} \right)$$

又根据引理 3 得

$$D(x^{(k+1)}) - D(x^{(k)}) \leq T(x^{(k)}, x^{(k+1)})$$

将上面两个不等式相加,并利用引理 4 便推出对任意的 $x \in \mathcal{K}$ 有

$$D(x^{(k+1)}) - D(x)$$

$$\leq T(x^{(k)}, x^{(k+1)}) - \left(D_x(x^{(k)}), x - x^{(k)} \right)$$

$$= \frac{1}{2}\lambda_k^{-1}\|x^{(k+1)} - x^{(k)}\|^2 + \left(D_x(x^{(k)}), x^{(k+1)} - x \right)$$

$$\leq \frac{1}{2}\lambda_k^{-1}\|x^{(k+1)} - x^{(k)}\|^2 - \lambda_k^{-1}\left(x^{(k+1)} - x^{(k)}, x^{(k+1)} - x \right)$$

$$= \frac{1}{2}\lambda_k^{-1}\{\|x^{(k+1)} - x^{(k)}\|^2 - 2\left(x^{(k+1)} - x^{(k)}, x^{(k+1)} - x \right)\}$$

$$= \frac{1}{2}\lambda_k^{-1}\{\|x^{(k)} - x\|^2 - \|x^{(k+1)} - x\|^2\}$$

证毕.

引理 6

$$\frac{1}{2}\lambda_k^{-1}\|x^{(k+1)} - x^{(k)}\|^2 \leq D(x^{(k)}) - D(x^{(k+1)})$$

证明　在引理 4 的不等式中取 $x = x^{(k)}$ 得

$$(D_x(\boldsymbol{x}^{(k)}), \boldsymbol{x}^{(k+1)} - \boldsymbol{x}^{(k)}) \leqslant -\lambda_k^{-1}\|\boldsymbol{x}^{(k+1)} - \boldsymbol{x}^{(k)}\|^2$$

再结合引理 3 便得出

$$\frac{1}{2}\lambda_k^{-1}\|\boldsymbol{x}^{(k+1)} - \boldsymbol{x}^{(k)}\|^2$$

$$\leqslant -(D_x(\boldsymbol{x}^{(k)}), \boldsymbol{x}^{(k+1)} - \boldsymbol{x}^{(k)}) - \frac{1}{2}\lambda_k^{-1}\|\boldsymbol{x}^{(k+1)} - \boldsymbol{x}^{(k)}\|^2$$

$$= -T(\boldsymbol{x}^{(k)}, \boldsymbol{x}^{(k+1)})$$

$$\leqslant D(\boldsymbol{x}^{(k)}) - D(\boldsymbol{x}^{(k+1)})$$

证毕.

收敛性定理 设 $\{\boldsymbol{x}^{(k)}\}$ 是由迭代程序产生的序列, $\boldsymbol{x}^{(k)}$ $(k = 1, 2, \cdots)$ 均非尖点. 则成立着:

$1°$ 若存在 $k \geqslant 1$, 使 $\boldsymbol{x}^{(k+1)} = \boldsymbol{x}^{(k)}$, 则 $\boldsymbol{x}^{(k)}$ 即为问题 (K) 的最优解; 若不然, 则得一无穷序列 $\{\boldsymbol{x}^{(k)}\}$.

$2°$ $\{\|\boldsymbol{x}^{(k)} - \boldsymbol{x}^*\|\}$, $\{D(\boldsymbol{x}^{(k)})\}$ 单调下降.

$3°$ $\lim\limits_{k \to +\infty} \boldsymbol{x}^{(k)} = \boldsymbol{x}^*$, $\lim\limits_{k \to +\infty} D(\boldsymbol{x}^{(k)}) = D(\boldsymbol{x}^*)$.

其中 $\boldsymbol{x}^*$ 是问题 (K) 的最优解.

证明 $1°$ 可由引理 2 得出. 今证 $2°$. 首先, 于引理 5 的不等式中命 $\boldsymbol{x} = \boldsymbol{x}^*$, 便知 $\{\|\boldsymbol{x}^{(k)} - \boldsymbol{x}^*\|\}$ 是单调下降的. 其次, 因为 $\boldsymbol{x}^{(k+1)} \neq \boldsymbol{x}^{(k)}$, 所以根据引理 6, 又知 $\{D(\boldsymbol{x}^{(k)})\}$ 也是单调下降的, 以下证 $3°$.

由 $\{\|\boldsymbol{x}^{(k)} - \boldsymbol{x}^*\|\}$ 的单调下降性易知 $\{\boldsymbol{x}^{(k)}\}$ 是有界序列, 因此存在正数 M, 使 $\|\boldsymbol{x}^{(k)}\| \leqslant M$ $(k = 1, 2, \cdots)$. 由此利用引理 6 便得

$$\frac{1}{2}\sum_{i=1}^{n} \frac{c_i}{M + \|\boldsymbol{a}_i\|} \cdot \overline{\lim_{k \to \infty}}\|\boldsymbol{x}^{(k+1)} - \boldsymbol{x}^{(k)}\|^2$$

$$\leqslant \overline{\lim_{k \to \infty}} \frac{1}{2}\lambda_k^{-1}\|\boldsymbol{x}^{(k+1)} - \boldsymbol{x}^{(k)}\|^2$$

$$\leqslant \lim_{k\to\infty} D(\boldsymbol{x}^{(k)}) - \lim_{k\to\infty} D(\boldsymbol{x}^{(k+1)})$$
$$= 0$$

（由 $2°$ 知 $\lim\limits_{k\to\infty} D(\boldsymbol{x}^{(k)}) = \lim\limits_{k\to\infty} D(\boldsymbol{x}^{(k+1)})$ 存在）. 故得

$$\lim_{k\to\infty} \|\boldsymbol{x}^{(k+1)} - \boldsymbol{x}^{(k)}\| = 0 \qquad (1)$$

现在如果能证明 $\{\boldsymbol{x}^{(k)}\}$ 中任一收敛的子序列均收敛于问题（K）的最优解 $\boldsymbol{x}^*$，那么再由最优解 $\boldsymbol{x}^*$ 的唯一性，$\{D(\boldsymbol{x}^{(k)})\}$ 的单调下降性以及 $D(\boldsymbol{x})$ 的连续性，$3°$ 便可得证.

今设 $\{\boldsymbol{x}^{(k_t)}\}$ 是 $\{\boldsymbol{x}^{(k)}\}$ 中一收敛子序列：$\lim\limits_{k_t\to\infty} \boldsymbol{x}^{(k_t)} = \boldsymbol{x}^{\infty}$. 显然 $\boldsymbol{x}^{\infty} \in \mathscr{K}$. 并且由（1）可知此时也有

$$\lim_{k\to\infty} \boldsymbol{x}^{(k_t+1)} = \boldsymbol{x}^{\infty} \qquad (2)$$

由于 $\boldsymbol{x}^{(k_t+1)}$ 是问题 $\min\limits_{\boldsymbol{x}\in\mathscr{K}} \|\boldsymbol{x} - \boldsymbol{x}^{(k_t)} + \lambda_{k_t} D_x(\boldsymbol{x}^{(k_t)})\|^2$ 的最优解，故根据引理 1，对任意取定的 $\boldsymbol{x} \in \mathscr{K}$，有

$$(\boldsymbol{x}^{(k_t+1)} - \boldsymbol{x}^{(k_t)} + \lambda_{k_t} D_x(\boldsymbol{x}^{(k_t)}), \boldsymbol{x} - \boldsymbol{x}^{(k_t+1)}) \geqslant 0$$

或

$$\left(\sum_{i=1}^{n} \frac{c_i(\boldsymbol{x}^{(k_t+1)} - \boldsymbol{a}_i)}{\|\boldsymbol{x}^{(k_t)} - \boldsymbol{a}_i\|}, \boldsymbol{x} - \boldsymbol{x}^{(k_t+1)} \right) \geqslant 0 \qquad (3)$$

以下分两种情况进行证明

情况 1 $\boldsymbol{x}^{\infty}$ 不为尖点. 此时于式（3）两端取极限后，并注意到式（2）便得

$$(D_x(\boldsymbol{x}^{\infty}), \boldsymbol{x} - \boldsymbol{x}^{\infty}) \geqslant 0 \quad (\boldsymbol{x} \in \mathscr{K})$$

再次利用引理 1 便知 $\boldsymbol{x}^{\infty} = \boldsymbol{x}^*$.

情况 2 $\boldsymbol{x}^{\infty}$ 为某一尖点 $\boldsymbol{a}_{i_*}$，此时可将式（3）左端分为

$$\left(\sum_{i\neq i_*} \frac{c_i(\boldsymbol{x}^{(k_t+1)} - \boldsymbol{a}_i)}{\|\boldsymbol{x}^{(k_t)} - \boldsymbol{a}_i\|}, \boldsymbol{x} - \boldsymbol{x}^{(k_t+1)} \right) +$$

$$\left(\frac{c_{i_*}(\boldsymbol{x}^{(k_t+1)} - \boldsymbol{a}_{i_*})}{\|\boldsymbol{x}^{(k_t)} - \boldsymbol{a}_{i_*}\|}, \boldsymbol{x} - \boldsymbol{x}^{(k_t+1)} \right) \geqslant 0 \qquad (4)$$

另外,由式(2),2°及 $D(\boldsymbol{x})$ 的连续性得 $D(\boldsymbol{a}_{i_*}) \leqslant D(\boldsymbol{x}^{(k_t+1)})$. 这样于引理5的不等式中置 $\boldsymbol{x} = \boldsymbol{a}_{i_*}$,即得出

$$\|\boldsymbol{x}^{(k_t+1)} - \boldsymbol{a}_{i_*}\| \leqslant \|\boldsymbol{x}^{(k_t)} - \boldsymbol{a}_{i_*}\|$$

或者

$$\left\| \frac{\boldsymbol{x}^{(k_t+1)} - \boldsymbol{a}_{i_*}}{\|\boldsymbol{x}^{(k_t)} - \boldsymbol{a}_{i_*}\|} \right\| \leqslant 1 \qquad (5)$$

由式(5)可从序列 $\left\{ \dfrac{\boldsymbol{x}^{(k_t+1)} - \boldsymbol{a}_{i_*}}{\|\boldsymbol{x}^{(k_t)} - \boldsymbol{a}_{i_*}\|} \right\}$ 中选出一收敛的子序列,不失一般性,可设

$$\lim_{k \to \infty} \frac{\boldsymbol{x}^{(k_t+1)} - \boldsymbol{a}_{i_*}}{\|\boldsymbol{x}^{(k_t)} - \boldsymbol{a}_{i_*}\|} = \boldsymbol{q}$$

由式(5)得

$$\|\boldsymbol{q}\| = 1 \qquad (6)$$

今于不等式(4)两端取极限后得

$$(D_{i_*\boldsymbol{x}}(\boldsymbol{a}_{i_*}), \boldsymbol{x} - \boldsymbol{a}_{i_*}) + c_{i_*}(\boldsymbol{q}, \boldsymbol{x} - \boldsymbol{a}_{i_*}) \geqslant 0 \qquad (7)$$

其中 $D_{i_*\boldsymbol{x}}(\boldsymbol{a}_{i_*})$ 是函数 $D_{i_*}(\boldsymbol{x}) = \sum_{i \neq i_*} c_i \|\boldsymbol{x} - \boldsymbol{a}_i\|$ 在点 $\boldsymbol{a}_{i_*}$ 处的梯度向量. 由式(6)(7)以及函数的凸性便得

$$\begin{aligned}
0 &\leqslant (D_{i_*\boldsymbol{x}}(\boldsymbol{a}_{i_*}), \boldsymbol{x} - \boldsymbol{a}_{i_*}) + c_{i_*}(\boldsymbol{q}, \boldsymbol{x} - \boldsymbol{a}_{i_*}) \\
&\leqslant (D_{i_*\boldsymbol{x}}(\boldsymbol{a}_{i_*}), \boldsymbol{x} - \boldsymbol{a}_{i_*}) + c_{i_*}\|\boldsymbol{x} - \boldsymbol{a}_{i_*}\| \\
&\leqslant D_{i_*}(\boldsymbol{x}) - D_{i_*}(\boldsymbol{a}_{i_*}) + c_{i_*}\|\boldsymbol{x} - \boldsymbol{a}_{i_*}\| \\
&= D(\boldsymbol{x}) - D(\boldsymbol{a}_{i_*})
\end{aligned}$$

对任意取定的 $\boldsymbol{x} \in \mathscr{K}$ 上面不等式成立,从而得到 $\boldsymbol{a}_{i_*} = \boldsymbol{x}^*$. 定理证毕.

据引理5,我们有

$$D(\boldsymbol{x}^{(k+1)}) - D(\boldsymbol{x}^*)$$

$$\leqslant \frac{1}{2}\lambda_k^{-1}\{\|\boldsymbol{x}^{(k)} - \boldsymbol{x}^*\|^2 - \|\boldsymbol{x}^{(k+1)} - \boldsymbol{x}^*\|^2\}$$

$$\leqslant \lambda_k^{-1}\|\boldsymbol{x}^{(k)} - \boldsymbol{x}^*\|\|\boldsymbol{x}^{(k+1)} + \boldsymbol{x}^{(k)}\| \qquad (8)$$

若取 $M = \left(\sum\limits_{i=1}^{n} c_i\right)^{-1} \cdot \{D(\boldsymbol{x}^{(1)}) + \sum\limits_{i=1}^{n} c_i\|\boldsymbol{a}_i\|\}$，则当 $\|\boldsymbol{x}\| \geqslant M$ 时，有

$$D(\boldsymbol{x}^{(1)}) \leqslant \sum\limits_{i=1}^{n} c_i\{\|\boldsymbol{x}\| - \|\boldsymbol{a}_i\|\} \leqslant D(\boldsymbol{x})$$

故 $\|\boldsymbol{x}^{(k)}\| \leqslant M(k=1,2,\cdots)$，$\|\boldsymbol{x}^*\| \leqslant M$. 由式(8)得出

$$D(\boldsymbol{x}^{(k+1)}) - D(\boldsymbol{x}^*) \leqslant 2M\lambda_k^{-1}\|\boldsymbol{x}^{(k+1)} - \boldsymbol{x}^{(k)}\| \quad (9)$$

当预先已知最优解 $\boldsymbol{x}^*$ 非尖点时，可用式(9)进行误差估计.

若在迭代过程中的第 k 步求得的 $\boldsymbol{x}^{(k)}$ 是某一尖点 $\boldsymbol{a}_{i_k}(1 \leqslant i_k \leqslant n)$，则易证，尖点 $\boldsymbol{a}_{i_k}$ 是问题(K)的最优解的充要条件是它为下述问题的最优解

$$\min_{\boldsymbol{x} \in \mathscr{K}} T_{i_k}(\boldsymbol{a}_{i_k}, \boldsymbol{x})$$

其中

$$T_{i_k}(\boldsymbol{a}_{i_k}, \boldsymbol{x})$$

$$= \frac{1}{2}\lambda_{i_k}^{-1}\|\boldsymbol{a}_{i_k} - \boldsymbol{x}\|^2 + c_{i_k}\|\boldsymbol{a}_{i_k} - \boldsymbol{x}\| + (D_{i_k\boldsymbol{x}}(\boldsymbol{a}_{i_k}), \boldsymbol{x} - \boldsymbol{a}_{i_k})$$

$$\lambda_{i_k} = \left(\sum\limits_{i \neq i_k} \frac{c_i}{\|\boldsymbol{a}_{i_k} - \boldsymbol{a}_i\|}\right)^{-1}$$

因此若 $\boldsymbol{a}_{i_k}$ 不是问题(K)的最优解，则可设 $\boldsymbol{x}^{(k+1)}$ 为问题 $\min\limits_{\boldsymbol{x} \in \mathscr{K}} T_{i_k}(\boldsymbol{a}_{i_k}, \boldsymbol{x})$ 的最优解. 因为 $\boldsymbol{a}_{i_k} \in \mathscr{K}$，且 $T_{i_k}(\boldsymbol{a}_{i_k}, \boldsymbol{a}_{i_k}) = 0$，所以必有 $T_{i_k}(\boldsymbol{a}_{i_k}, \boldsymbol{x}^{(k+1)}) < 0$. 再将引理3用于 $D_{i_k}(\boldsymbol{x})$ 便知，此时 $\boldsymbol{x}^{(k+1)}$ 仍使 $D(\boldsymbol{x})$ 的值下降.

参 考 资 料

〔1〕E. Weiszfeld. Sur le point pour leguel la somme des distances de n points donné's est minimum，Tǒhoku Math. J. ,43(1937),355-386.

〔2〕J. Lukaszewicz. 波兰应用数学中若干结果的概述,数学进展,6:1(1963),1-62.

〔3〕H. W. Kuhn. "Steiner's" Problem revisited，G. B. Dantzig and B. C. Eaves，Studies in optimization，The Mathematical Association of America(1974).

〔4〕曲阜师范学院数学系公社数学组. 用迭代法求道路不固定的最优场址的收敛性及收敛速度的估计,破与立(自然科学版),2(1975),14-25.

〔5〕中国科学院数学研究所运筹室著. 线性规划的理论及应用(附录部分). 北京:人民教育出版社,1959.

$\min \sum_{i=1}^{m} c_i \|x - a_i\|$ 型最优场址问题的快速收敛算法

0 引言

对于 $\min \sum_{i=1}^{m} c_i \|x - a_i\|$ 型最优场址, E. Weiszfeld 于 1937 年就给出了一个简单的迭代算法[1], 但未给出严格的收敛性证明, 后来 H. W. Kuhn[2] 证明了收敛性. 曲阜师范学院数学系公社数学组[3] 不仅证明了收敛性, 还对其收敛速度做了细致的讨论. 王长钰[4] 又把资料[3]中的某些结果推广到了有约束的情形. 赵庆祯[5] 利用记忆梯度法的思想给出了一个收敛算法, 并以计算实例说明它收敛较快, 但未从理论上给出敛速估计. 目前已有大量的有关文章, 仅资料[6]就列举了 200 多篇. 然而所有这些方法都没有令人满意的收敛速度, 其最好情况也只不过是线性收敛. 后来, M. L. Overton 在[7]中针对一个很一般的模型给出一个算法. 并在一定的条件下证明了

第三章

算法具有二次终端敛速. 但其算法的全局收敛性没有保证.

曲阜师范大学的薛国良教授在《应用数学》第 12 卷中给出了一个全局收敛的算法, 并证明了在 E. Weiszfeld 算法具有线性敛速的情况下本算法具有二次收敛速度.

1 问题及其特征

设 E^n 是 n 维欧氏空间, $a_i (i = 1, 2, \cdots, m)$ 是 E^n 中 m 个不共线的点, $c_i (i = 1, 2, \cdots, m)$ 是 m 个正数, $\|\cdot\|$ 表示欧氏范数. 令

$$f(\boldsymbol{x}) = \sum_{i=1}^{m} c_i \|\boldsymbol{x} - \boldsymbol{a}_i\|$$

问题

$$\min_{\boldsymbol{x} \in E^n} f(\boldsymbol{x}) \qquad (\text{P})$$

就是我们所说的 $\min \sum\limits_{i=1}^{m} c_i \|\boldsymbol{x} - \boldsymbol{a}_i\|$ 型最优场址问题.

我们称 $\boldsymbol{a}_i$ 为尖点 $(i = 1, 2, \cdots, m)$. 显然 $f(\boldsymbol{x})$ 连续、凸, 且只在尖点处不可微, 因此(P)是一个特殊的不可微凸规划.

在给出算法之前, 我们先分析一下问题(P)的性质.

令

$$r_i(\boldsymbol{x}) = c_i(\boldsymbol{x} - \boldsymbol{a}_i) \quad (i = 1, 2, \cdots, m)$$

当 $r_i(\boldsymbol{x}) \neq 0$ 时, 令

$$g_i(\boldsymbol{x}) = \nabla \|r_i(\boldsymbol{x})\| = \frac{c_i(\boldsymbol{x} - \boldsymbol{a}_i)}{\|\boldsymbol{x} - \boldsymbol{a}_i\|}$$

$$G_i(\boldsymbol{x}) = \nabla^2 \|r_i(\boldsymbol{x})\| = \frac{c_i}{\|\boldsymbol{x} - \boldsymbol{a}_i\|} \left[I - \frac{(\boldsymbol{x} - \boldsymbol{a}_i)(\boldsymbol{x} - \boldsymbol{a}_i)^{\mathrm{T}}}{\|\boldsymbol{x} - \boldsymbol{a}_i\|^2} \right]$$

此处 I 为 n 阶单位矩阵. 又令 (对任何 $\boldsymbol{x} \in E^n$)

$$g(\boldsymbol{x}) = \sum_{r_i(\boldsymbol{x}) \neq 1} g_i(\boldsymbol{x})$$

$$G(\boldsymbol{x}) = \sum_{r_i(\boldsymbol{x}) \neq 0} G_i(\boldsymbol{x})$$

显然

$$f(\boldsymbol{x}) = \sum_{i=1}^{m} \|r_i(\boldsymbol{x})\|$$

且当 $\boldsymbol{x}$ 不为尖点时 $g(\boldsymbol{x})$ 与 $G(\boldsymbol{x})$ 分别是 $f(\boldsymbol{x})$ 的梯度与 Hessian 矩阵. $f(\boldsymbol{x})$ 在尖点 $\boldsymbol{a}_i$ 处的次微分是

$$g(\boldsymbol{a}_i) + \{\boldsymbol{y} \in E^n \mid \|\boldsymbol{y}\| \leqslant c_i\}$$

当 $\boldsymbol{x} \neq \boldsymbol{a}_i$ 时, 令

$$H_i(\boldsymbol{x}) = I - \frac{(\boldsymbol{x} - \boldsymbol{a}_i)(\boldsymbol{x} - \boldsymbol{a}_i)^{\mathrm{T}}}{\|\boldsymbol{x} - \boldsymbol{a}_i\|^2}$$

我们有

引理 1　设 $H_i(\boldsymbol{x})$ 的特征值为

$$\sigma_1^{(i)}(\boldsymbol{x}) \geqslant \sigma_2^{(i)}(\boldsymbol{x}) \geqslant \cdots \geqslant \sigma_n^{(i)}(\boldsymbol{x})$$

那么

$$\sigma_{n-1}^{(i)}(\boldsymbol{x}) > \sigma_n^{(i)}(\boldsymbol{x}) = 0$$

且 $\boldsymbol{x} - \boldsymbol{a}_i$ 为对应于 $\sigma_n^{(i)}(\boldsymbol{x})$ 的一个特征向量, 且存在 $\sigma > 0$ 使 $\sigma_{n-1}^{(i)}(\boldsymbol{x}) \geqslant \sigma$ 对一切 $\boldsymbol{x} \neq \boldsymbol{a}_i$ 成立.

证明　见 [7] 中定理 2.

引理 2　对任意 $\boldsymbol{x} \in E^n, G(\boldsymbol{x})$ 正定.

证明　先设 $\boldsymbol{x}$ 不是尖点. 由引理 1, 我们只需证明

$$\sum_{i=2}^{m} (\boldsymbol{x} - \boldsymbol{a}_1)^{\mathrm{T}} H_i(\boldsymbol{x})(\boldsymbol{x} - \boldsymbol{a}_1) > 0 \qquad (1)$$

因诸 $\boldsymbol{a}_i$ 不共线, 不存在实数 $\lambda_2, \cdots, \lambda_m$ 使

41

$$x - a_1 = \lambda_i (x - a_i) \quad (i = 2, \cdots, m)$$

故由引理 1 知式(1)成立,从而 $G(x)$ 正定.

设 x 是一尖点. 不失一般性,我们只需证明 $G(a_1)$ 正定. 由引理 1,我们只需证明

$$\sum_{i=3}^{m} (a_1 - a_2)^T H_i(a_1)(a_1 - a_2) > 0 \qquad (2)$$

因诸 a_i 不共线,不存在实数 $\lambda_3, \cdots, \lambda_m$ 使

$$a_1 - a_2 = \lambda_i (a_1 - a_i) \quad (i = 3, \cdots, m)$$

故由引理 1 知式(2)成立. 证毕.

引理 3 若 x 不是尖点,则 x 为(P)之最优解的充要条件是 $g(x) = 0$;又 a_i 为(P)之最优解的充要条件是 $\|g(a_i)\| \leqslant c_i$.

证明 见[3]中引理 4.

由以上分析可见,$f(x)$ 是一个严格凸函数. 在非尖点处 $f(x)$ 有很好的性质,但在尖点处 $g(x)$ 和 $G(x)$ 都不连续,又在尖点附近 $g(x)$ 有界而 $G(x)$ 无界. 这种不连续性和无界性正是(P)的困难之处. 因 $f(x)$ 连续、严格凸,且任一水平集有界,故知(P)有唯一的最优解,记为 x^*.

2 算法及其全局收敛性

设 x 不是尖点,令

$$v(x) = \left(\sum_{i=1}^{m} \frac{c_i}{\|x - a_i\|} \right)^{-1}$$

又令

$$v(a_j) = \left(\sum_{i \neq j} \frac{c_i}{\|a_j - a_i\|} \right)^{-1} \frac{\|g(a_j)\| - c_j}{\|g(a_j)\|} \quad (j = 1, 2, \cdots, m)$$

我们给出下面的算法：

（1）取 $e_1 > 0, \boldsymbol{x}_1 \in E^n$. 置 $k = 1$,到（2）.

（2）令 $\boldsymbol{a}_{i_k}$ 是离 $\boldsymbol{x}_k$ 最近的尖点之一. 令 $\theta_k = \| \boldsymbol{x}_k - \boldsymbol{a}_{i_k} \|$,到（3）.

（3）若 $0 < \theta_k < e_k$,则到（4）. 若 $\theta_k = 0$,则令 $\boldsymbol{y}_k = \boldsymbol{x}_k, e_{k+1} = e_k$,到（5）. 若 $\theta_k \geqslant e_k$,则令 $e_{k+1} = e_k$,到（6）.

（4）若 $g(\boldsymbol{x}_k) = \boldsymbol{0}$ 则停;否则令

$$\boldsymbol{y}_k = \boldsymbol{x}_k - u_k G(\boldsymbol{x}_k)^{-1} g(\boldsymbol{x}_k)$$

这里 u_k 是

$$\min_{u \geqslant 0} f(\boldsymbol{x}_k - u G(\boldsymbol{x}_k)^{-1} g(\boldsymbol{x}_k))$$

的最优解. 令 $e_{k+1} = \dfrac{1}{2}\theta_k$,到（5）.

（5）若 $g(\boldsymbol{y}_k) = \boldsymbol{0}$ 或 $\boldsymbol{y}_k = \boldsymbol{a}_{i'_k}$ 且 $\| g(\boldsymbol{y}_k) \| \leqslant c_{i'_k}$,则令 $\boldsymbol{x}_{k+1} = \boldsymbol{y}_k$,停;否则令 $\boldsymbol{x}_{k+1} = \boldsymbol{y}_k - v(\boldsymbol{y}_k) \cdot g(\boldsymbol{y}_k)$,以 $k+1$ 代 k,到（2）.

（6）若 $g(\boldsymbol{x}_k) = \boldsymbol{0}$ 则停;否则令

$$\boldsymbol{y}_k = \boldsymbol{x}_k - u_k G(\boldsymbol{x}_k)^{-1} g(\boldsymbol{x}_k)$$

这里 u_k 是

$$\min_{u \geqslant 0} f(\boldsymbol{x}_k - u G(\boldsymbol{x}_k)^{-1} g(\boldsymbol{x}_k))$$

之最优解. 令 $\boldsymbol{x}_{k+1} = \boldsymbol{y}_k$,以 $k+1$ 代 k,到（2）.

注　上述算法实际上是 Weiszfeld 法与 Newton 法的一种结合:当 $\theta_k \geqslant e_k$ 时,可以认为 $\boldsymbol{x}_k$ 离尖点较远,我们采用 Newton 步由 $\boldsymbol{x}_k$ 得到 $\boldsymbol{x}_{k+1}$;当 $0 < \theta_k < e_k$ 时,可以认为 $\boldsymbol{x}_k$ 在某一尖点的附近,我们先用 Newton 步由 $\boldsymbol{x}_k$ 得到 $\boldsymbol{y}_k$,然后以 Weiszfeld 步由 $\boldsymbol{y}_k$ 得到 $\boldsymbol{x}_{k+1}$,并把 e_k 缩小成 $e_{k+1} = \dfrac{1}{2}\theta_k$;如果 $\boldsymbol{x}_k$ 是一尖点,我们利用 [4] 中的步长得到一个比目标函数值更小一点的 $\boldsymbol{x}_{k+1}$. 这样

我们既保证了全局收敛性,又保证了快速收敛性. 当 x^* 不是尖点时,Newton 法的二次收敛速度是众所周知的. 但当 x^* 为尖点时,问题就要复杂一些. 尽管 $f(x)$ 在 x^* 处不可微,我们还是严格地证明了 Weiszfeld 方法线性收敛是上述算法二次收敛的一个充分条件.

在余下的部分,我们要证明算法的全局收敛性.

引理 4 若 $y \neq x^*$,又 $x = y - v(y) \cdot g(y)$,则

1° 当 y 不为尖点时有

$$f(y) - f(x) \geqslant \frac{1}{2} v(y) \cdot \| g(y) \| \tag{3}$$

2° 当 $y = a_{i_*}$ 时有

$$f(y) - f(x) \geqslant \frac{1}{2} \Big(\sum_{i \neq i_*} \frac{c_i}{\| y - a_i \|} \Big)^{-1} \cdot (\| g(y) \| - c_{i_*})^2 \tag{4}$$

证明 由[3]中的引理 1 与引理 1′即得.

引理 5 设 y_k 既不是尖点又不为 x^*,又 x_{k+1} 由算法中步骤(5)而得,则对任意 $x \in E^n$ 有

$$f(x_{k+1}) - f(x) \leqslant \frac{1}{2} v(y_k)^{-1} (\| y_k - x \|^2 - \| x_{k+1} - x \|^2) \tag{5}$$

证明 见[4]中引理 5.

引理 6 算法或者经有限次迭代停止,此时 $\{x_k\}$ 的最后一项为(P)的最优解;或者产生两个无穷序列 $\{x_k\}$ 与 $\{y_k\}$ 满足

$$\begin{cases} f(x_k) \geqslant f(y_k) \geqslant f(x_{k+1}) \\ f(x_k) > f(x_{k+1}) \end{cases} \quad (k = 1, 2, \cdots) \tag{6}$$

证明 前一不等式由算法的定义及引理 3 即得,后一不等式可由算法的定义及引理 4 而得. 证毕.

引理7　设 $\{\boldsymbol{y}_k\}$ 有一聚点 $\boldsymbol{y}$ 不为尖点,则 $\overline{\boldsymbol{y}} = \boldsymbol{x}^*$ 且 $\{\boldsymbol{x}_k\}$ 与 $\{\boldsymbol{y}_k\}$ 都收敛于 $\boldsymbol{x}^*$,从而存在自然数 K,使当 $k \geqslant K$ 时恒有 $\theta_k \geqslant e_k = e_K$.

证明　设 $\{\boldsymbol{y}_k\}$ 有一子序列, $\{\boldsymbol{y}_{k_t}\}$ 收敛于 $\overline{\boldsymbol{y}}$ 且 $\overline{\boldsymbol{y}} \neq \boldsymbol{x}^*$,我们要建立一个矛盾.

由 $f(\boldsymbol{x})$ 的连续性及式(6)即得

$$\lim_{k \to \infty} f(\boldsymbol{x}_k) = \lim_{k \to \infty} f(\boldsymbol{y}_k) = f(\overline{\boldsymbol{y}}) \tag{7}$$

由算法的定义可知,对任何 t,下述两种情况至少有一种发生:

（ⅰ） $\boldsymbol{x}_{k_t+1} = \boldsymbol{y}_{k_t} - v(\boldsymbol{y}_{k_t}) \cdot g(\boldsymbol{y}_{k_t})$;

（ⅱ） $\boldsymbol{x}_{k_t+1} = \boldsymbol{y}_{k_t}$ 且 $\boldsymbol{y}_{k_t+1} = \boldsymbol{y}_{k_t} - u_{k_t} G(\boldsymbol{y}_{k_t})^{-1} g(\boldsymbol{y}_{k_t})$,这里 u_{k_t} 是

$$\min_{u \geqslant 0} f(\boldsymbol{y}_{k_t} - u G(\boldsymbol{y}_{k_t})^{-1} g(\boldsymbol{y}_{k_t}))$$

的最优解.

由于我们假设 $\overline{\boldsymbol{y}} \neq \boldsymbol{x}^*$,因此 $\| g(\overline{\boldsymbol{y}}) \| \neq 0$. 由于 $\{\boldsymbol{y}_{k_t}\}$ 收敛于 $\overline{\boldsymbol{y}}$,因此当 t 充分大时, $\boldsymbol{y}_{k_t}$ 也不是尖点,且

$$\lim_{t \to \infty} v(\boldsymbol{y}_{k_t}) \| g(\boldsymbol{y}_{k_t}) \| = v(\overline{\boldsymbol{y}}) \| g(\overline{\boldsymbol{y}}) \| > 0$$

由引理4可知,存在自然数 K_1 及正数 w_1,使当 $t \geqslant K_1$ 时由(ⅰ)可推出

$$f(\boldsymbol{x}_{k_t+1}) \leqslant f(\boldsymbol{y}_{k_t}) - w_1 \tag{8}$$

因 $\overline{\boldsymbol{y}} \neq \boldsymbol{x}^*$,又 $\overline{\boldsymbol{y}}$ 非尖点,故存在 $\overline{u} > 0$ 使

$$f(\overline{\boldsymbol{y}} - \overline{u} G(\overline{\boldsymbol{y}})^{-1} g(\overline{\boldsymbol{y}})) < f(\overline{\boldsymbol{y}})$$

从而存在自然数 K_2 及正数 w_2,使当 $t \geqslant K_2$ 时,由(ⅱ)可推出

$$f(\boldsymbol{y}_{k_t+1}) \leqslant f(\boldsymbol{y}_{k_t}) - w_2 \tag{9}$$

再由(6)即知,当 $t \geqslant \max\{K_1, K_2\}$ 时恒有

$$f(\boldsymbol{y}_{k_t+1}) \leqslant f(\boldsymbol{y}_{k_t}) - \min\{w_1, w_2\} \qquad (10)$$

这与式(7)矛盾. 因此 $\overline{\boldsymbol{y}} = \boldsymbol{x}^*$.

因 $\{\boldsymbol{x}_k\}$ 收敛于 $\overline{\boldsymbol{y}}$,故知

$$\lim_{k \to \infty} \theta_k > 0$$

因此 e_k 不能无限次缩小. 证毕.

引理8 设 $\{\boldsymbol{y}_k\}$ 收敛于某一尖点 $\boldsymbol{a}_{i_*}$,则 $\boldsymbol{a}_{i_*} = \boldsymbol{x}^*$ 且 $\{\boldsymbol{x}_k\}$ 也收敛于 $\boldsymbol{x}^*$.

证明 由算法的定义知

$$\boldsymbol{x}_{k+1} \in \{\boldsymbol{y}_k, \boldsymbol{y}_k - v(\boldsymbol{y}_k) \cdot g(\boldsymbol{y}_k)\} \qquad (11)$$

由于

$$\lim_{k \to \infty} \boldsymbol{y}_k = \boldsymbol{a}_{i_*} \qquad (12)$$

故知

$$\lim_{k \to \infty} v(\boldsymbol{y}_k) = 0 \qquad (13)$$

从而由(12)(13)及(11)知

$$\lim_{k \to \infty} \boldsymbol{x}_k = \boldsymbol{a}_{i_*} \qquad (14)$$

下面我们要证明 $\boldsymbol{a}_{i_*} = \boldsymbol{x}^*$.

由式(14)知,存在 $\{\boldsymbol{x}_k\}$ 的子列 $\{\boldsymbol{x}_{k_t}\}$ 使

$$0 < \theta_{k_t} < ek_t \qquad (t = 1, 2, \cdots) \qquad (15)$$

由式(14)还可得 $f(\boldsymbol{a}_{i_*}) \leqslant f(\boldsymbol{x}_{k_t+1})$. 这样在引理5中令 $\boldsymbol{x} = \boldsymbol{a}_{i_*}$ 即得

$$\|\boldsymbol{x}_{k_t+1} - \boldsymbol{a}_{i_*}\| \leqslant \|\boldsymbol{y}_{k_t} - \boldsymbol{a}_{i_*}\| \qquad (16)$$

因此我们不妨设有 $\boldsymbol{q} \in E^n$, $\|\boldsymbol{q}\| \leqslant 1$,使

$$\lim_{t \to \infty} \frac{\boldsymbol{x}_{k_t+1} - \boldsymbol{a}_{i_*}}{\|\boldsymbol{y}_{k_t} - \boldsymbol{a}_{i_*}\|} = \boldsymbol{q} \qquad (17)$$

由式(15)知

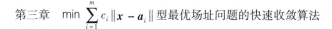

$$x_{k_t+1} - y_{k_t} + v(y_{k_t}) \cdot g(y_{k_t}) = 0 \quad (18)$$

上式可写成

$$\sum_{i \neq i_*} \frac{c_i(x_{k_t+1} - a_i)}{\|y_{k_t} - a_i\|} + \frac{c_{i_*}(x_{k_t+1} - a_{i_*})}{\|y_{k_t} - a_{i_*}\|} = 0 \quad (19)$$

在上式中令 $t \to \infty$ 即得

$$g(a_{i_*}) + c_{i_*} q = 0 \quad (20)$$

从而

$$\|g(a_{i_*})\| \leqslant c_{i_*} \quad (21)$$

故由引理 3 知 $a_{i_*} = x^*$. 证毕.

由引理 6、引理 7 及引理 8 即得到下面的全局收敛定理.

定理 1 对任何初始点 x_1,算法或经有限次迭代后停止于 x^*,或产生一收敛于 x^* 的无穷序列 $\{x_k\}$.

3 收敛速度

资料[3]证明了 Weiszfeld 方法线性收敛的充要条件是 x^* 非尖点或 $x^* = a_{i_*}$ 且 $\|g(a_{i_*})\| < c_{i_*}$. 下面将要证明这也是本章中的算法二次收敛的充分条件.

以下我们假设算法产生两个无穷序列 $\{x_k\}$ 和 $\{y_k\}$. 不失一般性,设 x_k 和 y_k 都不是尖点.

定理 2 若 x^* 非尖点,则 $\{x_k\}$ 二次收敛于 x^*.

证明 因 x^* 非尖点,$f(x)$ 在其某一邻域中一致凸且 $G(x)$ Lipschitz 连续,又由引理 7 知,存在自然数 K 使当 $k \geqslant K$ 时恒有 $\theta_k \geqslant e_k = e_K$,从而此时 x_{k+1} 由 x_k 经一次 Newton 迭代而得,故知 $\{x_k\}$ 二次收敛于 x^*. 证毕.

定理 3 若 $x^* = a_{i_*}$ 且 $\|g(a_{i_*})\| < c_{i_*}$,则 $\{x_k\}$ 二次收敛于 x^*.

由引理 5 可知

$$\|\boldsymbol{x}_{k+1} - \boldsymbol{a}_{i_*}\| \leqslant \|\boldsymbol{y}_k - \boldsymbol{a}_{i_*}\| \qquad (22)$$

因此为了证明定理 3,我们只需证明

$$\varlimsup_{k \to \infty} \frac{\|\boldsymbol{y}_k - \boldsymbol{a}_{i_*}\|}{\|\boldsymbol{x}_k - \boldsymbol{a}_{i_*}\|^2} < \infty \qquad (23)$$

在证明式(23)时,我们部分地使用了资料[7]中的技巧,这就是下面的引理.

引理 9 在定理 3 的条件下存在自然数 K 和正数 σ_1 与 σ_2,使当 $k \geqslant K$ 时

$$-G(\boldsymbol{x}_k)^{-1}g(\boldsymbol{x}_k) = -\xi_k(\boldsymbol{x}_k - \boldsymbol{a}_{i_*}) + \boldsymbol{d}_k \qquad (24)$$

其中

$$\xi_k \geqslant \sigma_1, \|\boldsymbol{d}_k\| \leqslant \|\boldsymbol{x}_k - \boldsymbol{a}_{i_*}\|^2 \cdot \sigma_2 < \|\boldsymbol{x}_k - \boldsymbol{a}_{i_*}\| \cdot \sigma_1$$
$$(25)$$

证明 仿[7]中定理 3 中证明的前半部.

定理 3 的证明 由上面的讨论,我们只需证明式(23).为方便起见,我们记

$$\boldsymbol{p}_k = -G(\boldsymbol{x}_k)^{-1}g(\boldsymbol{x}_k) \qquad (26)$$

$$\boldsymbol{l}_k = \{\boldsymbol{x}_k + u\boldsymbol{p}_k \mid u \geqslant 0\} \qquad (27)$$

以 $\boldsymbol{s}_k$ 表示 $\boldsymbol{a}_{i_*}$ 在 $\boldsymbol{l}_k$ 上的投影. 于是当 $k \geqslant K$ 时有

$$\|\boldsymbol{a}_{i_*} - \boldsymbol{s}_k\| \leqslant \left\|\boldsymbol{a}_{i_*} - \left(\boldsymbol{x}_k + \frac{1}{\xi_k}\boldsymbol{p}_k\right)\right\| = \left\|\frac{\boldsymbol{d}_k}{\xi_k}\right\| \leqslant \frac{\sigma_2}{\sigma_1}\|\boldsymbol{x}_k - \boldsymbol{a}_{i_*}\|^2$$
$$(28)$$

由 $f(\boldsymbol{x})$ 的凸性可知

$$f(\boldsymbol{x}) \geqslant f(\boldsymbol{x}^*) + \left[g(\boldsymbol{x}^*) + c_{i_*}\frac{\boldsymbol{x} - \boldsymbol{x}^*}{\|\boldsymbol{x} - \boldsymbol{x}^*\|}\right]^{\mathrm{T}}(\boldsymbol{x} - \boldsymbol{x}^*)$$

$$= f(\boldsymbol{x}^*) + g(\boldsymbol{x}^*)^{\mathrm{T}}(\boldsymbol{x} - \boldsymbol{x}^*) + c_{i_*}\|\boldsymbol{x} - \boldsymbol{x}^*\|$$

$$\geqslant f(\boldsymbol{x}^*) + (c_{i_*} - \|g(\boldsymbol{x}^*)\|) \cdot \|\boldsymbol{x} - \boldsymbol{x}^*\| \qquad (29)$$

但另外我们又有

$$f(\boldsymbol{x}) = \sum_{i=1}^{m} c_i \|\boldsymbol{x} - \boldsymbol{a}_i\|$$

$$\leqslant \sum_{i=1}^{m} c_i (\|\boldsymbol{x} - \boldsymbol{x}^*\| + \|\boldsymbol{x}^* - \boldsymbol{a}_i\|)$$

$$= f(\boldsymbol{x}^*) + \sum_{i=1}^{m} c_i \|\boldsymbol{x} - \boldsymbol{x}^*\| \qquad (30)$$

因为

$$f(\boldsymbol{y}_k) \leqslant f(\boldsymbol{s}_k)$$

所以由(29)及(30)得(在式(29)中以 $\boldsymbol{y}_k$ 代 $\boldsymbol{x}$,在式(30)中以 $\boldsymbol{s}_k$ 代 $\boldsymbol{x}$)

$$(c_{i_*} - \|g(\boldsymbol{x}^*)\|) \cdot \|\boldsymbol{y}_k - \boldsymbol{x}^*\| \leqslant \sum_{i=1}^{m} c_i \|\boldsymbol{s}_k - \boldsymbol{x}^*\|$$

从而

$$\|\boldsymbol{y}_k - \boldsymbol{x}^*\| \leqslant \frac{\sum\limits_{i=1}^{m} c_i \|\boldsymbol{s}_k - \boldsymbol{x}^*\|}{c_{i_*} - \|g(\boldsymbol{x}^*)\|}$$

$$\leqslant \frac{\sigma_2}{\sigma_1} \cdot \frac{\sum\limits_{i=1}^{m} c_i \|\boldsymbol{x}_k - \boldsymbol{x}^*\|^2}{c_i - \|g(\boldsymbol{x}^*)\|}$$

故式(23)成立. 证毕.

这部分对最优场址的研究启蒙于王长钰教授. M. L. Overton 的论文[7]给予作者很大的启发. 在此一并致谢.

参 考 资 料

[1] E. Weiszfeld. Sur le point par lequel la somme des distances de n points donnes est minimum, Tohoku Mathematics Journal,43(1937),355-386.

[2] H. W. Kuhn. Steiner's problem revisited, in G.

B. Dantzig & B. C. Eaves(eds), Studies in Optimization, The Mathematical Association of America(1974),52-70.

[3]曲阜师范学院数学系公社数学组.用迭代法求道路不固定的最优场址的收敛性及收敛速度的估计,破与立(自然科学版),2(1975),14-25.

[4]王长钰.在闭凸集上求 $\min \sum_{i=1}^{m} c_i \| x - a_i \|$型最优场址,应用数学学报,1(1978),145-150.

[5]赵庆祯.$\min \sum_{i=1}^{m} c_i \| x - a_i \|$型最优场址问题的一种快速算法,数值计算与计算机应用,2(1983),78-85.

[6]R. L. Francis & J. M. Goldstein. Location Theory: A selective bibliography, Operations Research, 22(1974),400-410.

[7] M. L. Overton. A Quadratically Convergent Method for Minimizing A Sum of Euclidean Norms, Mathematical Programming, 27(1983),34-63.

闭凸集上多场址问题的一个全局收敛算法

第四章

0　引言

设 $a_1, a_2, \cdots, a_m$ 是 $\mathbf{R}^d$ 中 m 个点，$\mathbf{R}^d$ 表示 d 维的欧氏空间，设 $w_{ji} < 0, j = 1, \cdots, n, i = 1, \cdots, m; v_{jk} > 0, 1 \leqslant j < k \leqslant n$；设 D 是 $\mathbf{R}^{n \times d}$ 中的一个闭凸集，$\mathbf{R}^{n \times d}$ 表示 $n \times d$ 维的欧氏空间，在 D 中找一个点

$$\boldsymbol{x}^* = (\boldsymbol{x}_1^{*\mathrm{T}}, \boldsymbol{x}_2^{*\mathrm{T}}, \cdots, \boldsymbol{x}_n^{*\mathrm{T}})^{\mathrm{T}}$$

使函数

$$
\begin{aligned}
&f(\boldsymbol{x}) \\
&= \sum_{j=1}^{n} \sum_{i=1}^{m} w_{ji} \|\boldsymbol{x}_j - \boldsymbol{a}_i\| + \sum_{1 \leqslant j < k \leqslant n} v_{jk} \|\boldsymbol{x}_j - \boldsymbol{x}_k\|
\end{aligned}
\tag{1}
$$

在 D 上取得全局极小，即

$$f(\boldsymbol{x}^*) = \min_{\boldsymbol{x} \in D} f(\boldsymbol{x}) \tag{2}$$

这里 $\|\cdot\|$ 表示欧氏模，这就是所谓的欧氏空间闭凸集上的多场址问题.

在问题（2）中，$a_1, a_2, \cdots, a_m$ 表示 m 个已知的场址；$x_1, x_2, \cdots, x_n$ 表示 n 个新的场址，目标函数 $f(\boldsymbol{x})$ 是每个新的场址

到已知场址和新场址之间的加权欧氏距离的和. 目标是在闭凸集 D 上确定最优场址 $\boldsymbol{x}^* = (\boldsymbol{x}_1^{*\mathrm{T}}, \boldsymbol{x}_2^{*\mathrm{T}}, \cdots, \boldsymbol{x}_n^{*\mathrm{T}})^{\mathrm{T}}$,使 $f(\boldsymbol{x})$ 在 D 上取得全局极小.

当 $n = 1, \boldsymbol{a}_1, \boldsymbol{a}_2, \cdots, \boldsymbol{a}_m$ 不共线时,问题(2)就转化为欧氏空间闭凸集上的单场址问题.

当 $\boldsymbol{x}_j = \boldsymbol{a}_i$ 或 $\boldsymbol{x}_j = \boldsymbol{x}_k (j \neq k)$ 时,问题(2)的目标函数 $f(\boldsymbol{x})$ 不可微,所以问题(2)是一个不可微凸规划问题.

对无约束的多场址问题,W. Miehle[5] 将解单场址问题的 Weiszfeld 算法进行推广,第一个给出了解多场址问题的算法,L. M. Ostresh[6] 证明了 W. Miehle 的算法是一个下降算法,但 J. B. Rosen 和薛国良[9] 指出 W. Miehle 的算法可能收敛到不是最优的解的点. F. Rado[8] 提出另外一个 Weiszfeld 算法的推广,在某些条件下证明了算法的收敛性. 1983 年 M. L. Overton[7] 提出了一个投影牛顿算法. 1987 年,P. H. Calami 和 A. R. Conn[3] 也提出了一个投影牛顿算法,他们在非退化和严格极小的假设下证明了算法具有全局和二次收敛的性质. 后来 J. B. Rosen 和薛国良[1] 在很一般的条件下给出了多场址问题的一个全局收敛的次梯度算法.

安徽机电学院数学系的李辉教授 1993 年给出了解欧氏空间闭凸集上多场址问题的一个全局收敛算法.

1 问题(2)解集的一些性质

因为 $f(\boldsymbol{x})$ 是加权的欧氏范数的和,显然,$f(\boldsymbol{x})$ 是凸的和连续的. 设 S_D 是问题(2)的最优解集合,则有下面两个结论:

定理 1 $\lim\limits_{\|\boldsymbol{x}\| \to \infty} f(\boldsymbol{x}) = +\infty$.

证明　因$\|\boldsymbol{x}\|\to+\infty$,故至少存在一个$j_0\in\{1,2,\cdots,$ $n\}$使$\|\boldsymbol{x}_{j_0}\|\to+\infty$,于是对$\boldsymbol{a}_i\in\mathbf{R}^d(i=1,2,\cdots,m)$有

$$\lim_{\|\boldsymbol{x}_{j_0}\|\to+\infty}\|\boldsymbol{x}_{j_0}-\boldsymbol{a}_i\|=+\infty$$

又$w_{ji}>0,v_{jk}>0,j=1,2,\cdots,n,i=1,2,\cdots,m,1\leqslant j<$ $k\leqslant n$得

$$\lim_{\|\boldsymbol{x}\|\to+\infty}f(\boldsymbol{x})$$

$$=\lim_{\|\boldsymbol{x}\|\to+\infty}\Big(\sum_{j=1}^{n}\sum_{i=1}^{m}w_{ji}\|\boldsymbol{x}_j-\boldsymbol{a}_i\|+\sum_{1\leqslant j<k\leqslant n}v_{jk}\|\boldsymbol{x}_j-\boldsymbol{x}_k\|\Big)$$

$$=+\infty$$

定理2　S_D是一个非空,有界的闭凸集.

证明　因为$f(\boldsymbol{x})$连续、凸,$\lim\limits_{\|\boldsymbol{x}\|\to\infty}f(\boldsymbol{x})=+\infty$,所以$S_D$是一个非空、有界的闭凸集.

2　最优性条件

设$M=\{1,2,\cdots,\tau\}$是一个有限的下标集,集合$\alpha=\{\alpha_1,\alpha_2,\cdots,\alpha_\tau\}=\{w_{ji},v_{jk}\mid w_{ji}>0,v_{jk}>0,j=1,2,\cdots,$ $n,i=1,2,\cdots,m,1\leqslant j<k\leqslant n\}$,则式(1)可写为

$$f(\boldsymbol{x})=\sum_{l\in M}f_l(\boldsymbol{x})\tag{3}$$

这里$f_l(\boldsymbol{x})=\|r_l(\boldsymbol{x})\|,r_l(\boldsymbol{x})=\boldsymbol{A}_l^{\mathrm{T}}\boldsymbol{x}-\boldsymbol{b}_l,\boldsymbol{A}_l$是$(n\times d)\times d$矩阵,$\boldsymbol{b}_l$是$d$维向量,满足

$$\boldsymbol{A}_l^{\mathrm{T}}=\alpha_l\boldsymbol{B}_l$$

$$\boldsymbol{b}_l=\alpha_l\boldsymbol{d}_l$$

$$\boldsymbol{B}_l=\begin{cases}[\underbrace{\boldsymbol{O}\cdots\boldsymbol{O}\underset{j}{\boldsymbol{I}}\boldsymbol{O}\cdots\boldsymbol{O}}_{n\uparrow}],&\text{当}\ \alpha_l=w_{ji}\text{时}\\[3mm]\ [\underbrace{\boldsymbol{O}\cdots\underset{i}{\boldsymbol{I}}\cdots\underset{j}{-\boldsymbol{I}}\boldsymbol{O}\cdots\boldsymbol{O}}_{n\uparrow}],&\text{当}\ \alpha_l=v_{jk}\text{时}\end{cases}$$

$$d_l = \begin{cases} \boldsymbol{a}_i, & \text{当 } \alpha_l = w_{ji} \text{时} \\ \boldsymbol{O}, & \text{当 } \alpha_l = v_{jk} \text{时} \end{cases}$$

其中 $\boldsymbol{O}$ 表示 d 阶零矩阵，$\boldsymbol{I}$ 表示 d 阶单位矩阵.

根据式（3），问题（2）可改写为

$$f(\boldsymbol{x}^*) = \min_{\boldsymbol{x} \in D} f(\boldsymbol{x}) = \sum_{l \in M} f_l(\boldsymbol{x}) \qquad (4)$$

其中集 $M, f_l(\boldsymbol{x})$ 的定义与式（3）中的 $M, f_l(\boldsymbol{x})$ 相同. 下面研究形如（4）的闭凸集上的多场址问题.

引理 1　令 $M_0(\boldsymbol{x}) = \{ l \in M \mid \| r_l(\boldsymbol{x}) \| = 0 \}$，则

$\partial f(\boldsymbol{x})$

$$= \left\{ \boldsymbol{r} = \sum_{l \in M - M_0(\boldsymbol{x})} \nabla f_l(\boldsymbol{x}) + \sum_{l \in M_0(\boldsymbol{x})} \boldsymbol{A}_l \boldsymbol{u}_l \,\bigg|\, \| \boldsymbol{u}_l \| \le 1, l \in M_0(\boldsymbol{x}) \right\}$$

证明　因 $f(\boldsymbol{x})$ 连续、凸，故 $\partial f(\boldsymbol{x}) = \sum_{l \in M} \partial f_l(\boldsymbol{x})$，有

$$\partial f(\boldsymbol{x}) = \begin{cases} \{ \nabla f_l(\boldsymbol{x}) \}, & \forall l \in M - M_0(\boldsymbol{x}) \\ \{ z : f_l(\boldsymbol{x} + \boldsymbol{h}) - f_l(\boldsymbol{x}) \ge z^{\mathrm{T}} \boldsymbol{h}, \forall \boldsymbol{h} \}, & \forall l \in M_0(\boldsymbol{x}) \end{cases}$$

对

$$l \in M - M_0(\boldsymbol{x}), \nabla f_l(\boldsymbol{x}) = \boldsymbol{A}_l \frac{r_l(\boldsymbol{x})}{\| r_l(\boldsymbol{x}) \|}.$$

对 $l \in M_0(\boldsymbol{x})$，由 $f_l(\boldsymbol{x} + \boldsymbol{h}) - f_l(\boldsymbol{x}) \ge z^{\mathrm{T}} \boldsymbol{h}$，$\forall \boldsymbol{h}$ 得

$$\| \boldsymbol{A}_l^{\mathrm{T}} \boldsymbol{h} \| \ge z^{\mathrm{T}} \boldsymbol{h}, \forall \boldsymbol{h} \qquad (*)$$

当 $\boldsymbol{h}$ 在 $\boldsymbol{A}_l^{\mathrm{T}}$ 的零空间中，即 $\boldsymbol{A}_l^{\mathrm{T}} \boldsymbol{h} = \boldsymbol{0}$ 时，由式（$*$）知：z 必在 $\boldsymbol{A}_l$ 的列生成的空间中，即 $z = \boldsymbol{A}_l \boldsymbol{u}_l$，代入式（$*$）得：$\| \boldsymbol{A}_l^{\mathrm{T}} \boldsymbol{h} \| \ge \boldsymbol{u}_l^{\mathrm{T}} \boldsymbol{A}_l^{\mathrm{T}} \boldsymbol{h}$，$\forall \boldsymbol{h}$，推得 $\| \boldsymbol{u}_l \| \le 1$ 故

$$\partial f_l(\boldsymbol{x}) = \{ \boldsymbol{A}_l \boldsymbol{u}_l; \| \boldsymbol{u}_l \| \le 1 \}$$

$\partial f(\boldsymbol{x})$

$$= \left\{ \sum_{l \in M - M_0(x)} \nabla f_l(x) + \sum_{l \in M_0(x)} A_l u_l \,\middle|\, \|u_l\| \leqslant 1, l \in M_0(x) \right\}$$

对 $\forall x \in D \subset \mathbf{R}^{n \times d}$，定义下列子规划问题

$$P(x, M_0(x))^{\min \frac{1}{2} \left\| \sum_{l \in M - M_0(x)} \nabla f_l(x) + \sum_{l \in M_0(x)} A_l u_l \right\|^2}$$

$$\text{s. t. } \|u_l\|^2 \leqslant 1, l \in M_0(x)$$

显然子规划 $P(x, M_0(x))$ 是一个可微凸规划问题，而对可微凸规划问题已有许多成熟的解法，比如可用 Levitin-Polyak 梯度投影方法来解子规划 $P(x, M_0(x))$（见资料[10]）.

定理 3　$P(x, M_0(x))(x \in D)$ 的最优解集是一个非空的凸紧集.

证明　因为目标函数是凸的和连续的,约束集合是一个非空的凸紧集,所以 $P(x, M_0(x))(x \in D)$ 的最优解集是一个非空的凸紧集.

定理 4　设 $\overline{u}_l, l \in M_0(x)$,是 $P(x, M_0(x))(x \in D)$ 的一个最优解,设 $\overline{Y} = \sum_{l = M - M_0(x)} \nabla f_l(x) + \sum_{l \in M_0(x)} A_l \overline{u}_l$ 是对应的最优剩余;如果 $\overline{Y} = 0$,那么 x 是问题(2)的最优解,否则 $-\overline{Y}$ 是下降方向且 $f'(x; -\overline{Y}) = -\overline{Y}^\mathrm{T} \overline{Y} < 0$,这里 $f'(x; -\overline{Y})$ 是 $f(x)$ 在点 x 处沿方向 $-\overline{Y}$ 的方向导数.

证明　因为 $\overline{Y}$ 是 $f(x)$ 在 x 处的一个最短次梯度,若 $\overline{Y} = 0$,则对 $\forall z \in D \subset \mathbf{R}^{n \times d}, f(z) \geqslant f(x) + \overline{Y}^\mathrm{T}(z - x) = f(x)$ 从而 x 是问题(2)的最优解.

若 $\overline{Y} \neq 0$,因为 $\overline{u}_l, l \in M_0(x)$ 是 $P(x, M_0(x))$ 的一个最优解,根据 Kuhn-Tucker 定理,存在向量 $\lambda_l, l \in$

$M_0(\boldsymbol{x})$, 满足

$$\begin{cases} \boldsymbol{A}_l^{\mathrm{T}}\overline{\boldsymbol{Y}} + 2\boldsymbol{\lambda}_l\overline{\boldsymbol{u}}_l = \boldsymbol{0} \\ \boldsymbol{\lambda}_l(\|\overline{\boldsymbol{u}}_l\|-1) = \boldsymbol{0} \qquad (l \in M_0(\boldsymbol{x})) \\ \boldsymbol{\lambda}_l \geqslant 0 \end{cases}$$

从上式可推出

$$(\boldsymbol{A}_l\overline{\boldsymbol{u}}_l)^{\mathrm{T}}(-\overline{\boldsymbol{Y}}) = 2\boldsymbol{\lambda}_l = \|\boldsymbol{A}_l^{\mathrm{T}}(-\overline{\boldsymbol{Y}})\|, l \in M_0(\boldsymbol{x})$$

$$-\overline{\boldsymbol{Y}}^{\mathrm{T}}\overline{\boldsymbol{Y}} = \Big(\sum_{l \in M-M_0(\boldsymbol{x})}\nabla f_l(\boldsymbol{x})\Big)^{\mathrm{T}}(-\overline{\boldsymbol{Y}}) + \Big(\sum_{l \in M_0(\boldsymbol{x})}\boldsymbol{A}_l\boldsymbol{u}_l\Big)^{\mathrm{T}}(-\overline{\boldsymbol{Y}})$$

$$= \sum_{l \in M-M_0(\boldsymbol{x})}\nabla f_l(\boldsymbol{x})^{\mathrm{T}}(-\overline{\boldsymbol{Y}}) + \sum_{l \in M_0(\boldsymbol{x})}(\boldsymbol{A}_l\boldsymbol{u}_l)^{\mathrm{T}}(-\overline{\boldsymbol{Y}})$$

$$= \sum_{l \in M-M_0(\boldsymbol{x})}\nabla f_l(\boldsymbol{x})^{\mathrm{T}}(-\overline{\boldsymbol{Y}}) + \sum_{l \in M_0(\boldsymbol{x})}\|\boldsymbol{A}_l^{\mathrm{T}}(-\overline{\boldsymbol{Y}})\|$$

$$f'(\boldsymbol{x};-\overline{\boldsymbol{Y}}) = \lim_{t\to0^+}\frac{f(\boldsymbol{x}+t(-\overline{\boldsymbol{Y}}))-f(\boldsymbol{x})}{t}$$

$$= \sum_{l \in M-M_0(\boldsymbol{x})}\lim_{t\to0^+}\frac{f_l(\boldsymbol{x}+t(-\overline{\boldsymbol{Y}}))-f_l(\boldsymbol{x})}{t} +$$

$$\sum_{l \in M_0(\boldsymbol{x})}\lim_{t\to0^+}\frac{f_l(\boldsymbol{x}+t(-\overline{\boldsymbol{Y}}))-f_l(\boldsymbol{x})}{t}$$

$$= \sum_{l \in M-M_0(\boldsymbol{x})}\nabla f_l(\boldsymbol{x})^{\mathrm{T}}\cdot(-\overline{\boldsymbol{Y}}) +$$

$$\sum_{l \in M-M_0(\boldsymbol{x})}\|\boldsymbol{A}_l^{\mathrm{T}}(-\overline{\boldsymbol{Y}})\|$$

$$= -\overline{\boldsymbol{Y}}^{\mathrm{T}}\overline{\boldsymbol{Y}} < 0$$

故 $-\overline{\boldsymbol{Y}}$ 为 $f(\boldsymbol{x})$ 在 $\boldsymbol{x}$ 处的下降方向.

定理 5 子规划 $P(\boldsymbol{x}, M_0(\boldsymbol{x}))(\boldsymbol{x} \in D)$ 的最优剩余是唯一的.

证明 集合 $\Big\{\boldsymbol{r} = \sum_{l \in M-M_0(\boldsymbol{x})}\nabla f_l(\boldsymbol{x}) + \sum_{l \in M_0(\boldsymbol{x})}\boldsymbol{A}_l\boldsymbol{u}_l \Big|$

$\|\boldsymbol{u}_l\| \leqslant 1, l \in M_0(\boldsymbol{x})\}$ 是凸的和紧的,$P(\boldsymbol{x}, M_0(\boldsymbol{x}))(\boldsymbol{x} \in D)$ 的最优剩余是集合中的最短元素,所以是唯一的.

3 闭凸集上多场址问题的一个全局收敛算法

算法 A.

第 0 步 选择 $\{\alpha_k\}$,满足 $\alpha_k > 0$,$\displaystyle\sum_{k=0}^{\infty} \alpha_k^2 < +\infty$,

$\displaystyle\sum_{k=0}^{\infty} \alpha_k = +\infty$,$\boldsymbol{x}^0 = D$,令 $k = 0$.

第 1 步 解子规划 $P(\boldsymbol{x}^k, M_0(\boldsymbol{x}^k))$,找一个最优剩余 $\overline{Y}_k$,若 $\overline{Y}_k = \boldsymbol{0}$,则 $\boldsymbol{x}^k$ 即为问题(2)的最优解,停止. 若 $\overline{Y}_k \neq \boldsymbol{0}$,则转第 2 步.

第 2 步 求 $\boldsymbol{x}^{k+1}$ 使

$$\left\| \boldsymbol{x}^{k+1} - \boldsymbol{x}^k + \alpha_k \frac{\overline{Y}_k}{\|\overline{Y}_k\|} \right\|^2 = \min_{\boldsymbol{x} \in D} \left\| \boldsymbol{x} - \boldsymbol{x}^k + \alpha_k \frac{\overline{Y}_k}{\|\overline{Y}_k\|} \right\|^2$$

若 $\boldsymbol{x}^{k+1} = \boldsymbol{x}^k$,则 $\boldsymbol{x}^k$ 即为问题(2)的最优解. 停止. 若 $\boldsymbol{x}^{k+1} \neq \boldsymbol{x}^k$,则用 $k+1$ 代替 k 回到第 1 步.

引理 2 设 $\overline{Y}$ 是 $P(\boldsymbol{x}^0, M_0(\boldsymbol{x}^0))(\boldsymbol{x}^0 \in D)$ 的最优解所对应的最优剩余,若 $\boldsymbol{x}^0$ 是 $\displaystyle\min_{\boldsymbol{x} \in D} \|\boldsymbol{x} - \boldsymbol{x}^0 + \alpha \overline{Y}\|^2$ $(\alpha > 0)$ 的最优解,则 $\boldsymbol{x}^0$ 是 $\displaystyle\min_{\boldsymbol{x} \in D} f(\boldsymbol{x})$ 的最优解.

证明 设 $g(\boldsymbol{x}) = \|\boldsymbol{x} - \boldsymbol{x}^0 + \alpha \overline{Y}\|^2$,则 $g(\boldsymbol{x})$ 是 D 上的可微的凸函数,$\boldsymbol{x}^0$ 是 $\displaystyle\min_{\boldsymbol{x} \in D} g(\boldsymbol{x})$ 的一个最优解 $\Leftrightarrow$ $\forall \boldsymbol{x} \in D$,$\nabla g(\boldsymbol{x}^0)^{\mathrm{T}} (\boldsymbol{x} - \boldsymbol{x}^0) \geqslant 0 \Leftrightarrow \alpha \overline{Y}^{\mathrm{T}} \cdot (\boldsymbol{x} - \boldsymbol{x}^0) \geqslant 0$,$\forall \boldsymbol{x} \in D \Leftrightarrow \overline{Y}^{\mathrm{T}} \cdot (\boldsymbol{x} - \boldsymbol{x}^0) \geqslant 0$,$\forall \boldsymbol{x} \in D$ 又 $\forall \boldsymbol{x} \in D$,$\overline{Y}$ 是 $f(\boldsymbol{x})$ 在 $\boldsymbol{x}^0$ 处的最短次梯度,得

$$\forall \boldsymbol{x} \in D, f(\boldsymbol{x}) - f(\boldsymbol{x}^0) \geqslant \overline{\boldsymbol{Y}}^{\mathrm{T}} \cdot (\boldsymbol{x} - \boldsymbol{x}^0) \geqslant 0$$

由上式得

$$\forall \boldsymbol{x} \in D, f(\boldsymbol{x}) \geqslant f(\boldsymbol{x}^0)$$

所以 $\boldsymbol{x}^0$ 是 $\min_{\boldsymbol{x} \in D} f(\boldsymbol{x})$ 的最优解. 证毕.

定理 6 设 $S_D = \{\boldsymbol{x}^* \mid f(\boldsymbol{x}^*) = \min_{\boldsymbol{x} \in D} f(\boldsymbol{x})\}$,则算法 A 或经有限步迭代终止于问题 $\min_{\boldsymbol{x} \in D} f(\boldsymbol{x})$ 的最优解处,或产生一个无穷序列 $\{\boldsymbol{x}^k\}$,使得

$$\lim_{k \to \infty} \rho(\boldsymbol{x}^k, S_D) = 0$$

这里 $\rho(\boldsymbol{x}, S_D) = \min_{\boldsymbol{y} \in S_D} \|\boldsymbol{x} - \boldsymbol{y}\|$.

证明 (1)若 $\overline{\boldsymbol{Y}}_k = \boldsymbol{0}$ 或 X^K 是 $\min_{\boldsymbol{x} \in D} \left\| \boldsymbol{x} - \boldsymbol{x}^K - \alpha_K \dfrac{\overline{\boldsymbol{Y}}_K}{\|\overline{\boldsymbol{Y}}_K\|} \right\|^2$

的最优解,由定理 4 和引理 2 知,X^K 为 $\min_{\boldsymbol{x} \in D} f(\boldsymbol{x})$ 的最优解,算法 A 终止于第 K 步.

(2)若 $\{\boldsymbol{x}^k\}$ 是由算法 A 所产生的一个无穷序列.

因为 $\boldsymbol{x}^{k+1}$ 是 $\min_{\boldsymbol{x} \in D} \left\| \boldsymbol{x} - \boldsymbol{x}^k + \alpha_k \dfrac{\overline{\boldsymbol{Y}}_K}{\|\overline{\boldsymbol{Y}}_K\|} \right\|^2$ 的最优解,所以

$$\forall \boldsymbol{x} \in D, \left(\boldsymbol{x}^{k+1} - \boldsymbol{x}^k + \alpha_k \frac{\overline{\boldsymbol{Y}}_k}{\|\overline{\boldsymbol{Y}}_k\|} \right)^{\mathrm{T}} (\boldsymbol{x} - \boldsymbol{x}^{k+1}) \geqslant 0 \quad (5)$$

由式(5)知,当 $\boldsymbol{x}^* \in S_D \subset D$ 时. 有

$$\left(\boldsymbol{x}^{k+1} - \boldsymbol{x}^k + \alpha_k \frac{\overline{\boldsymbol{Y}}_k}{\|\overline{\boldsymbol{Y}}_k\|} \right)^{\mathrm{T}} (\boldsymbol{x}^{k+1} - \boldsymbol{x}^*) \leqslant 0 \qquad (6)$$

$$\left(\boldsymbol{x}^{k+1} - \boldsymbol{x}^k + \alpha_k \frac{\overline{\boldsymbol{Y}}_k}{\|\overline{\boldsymbol{Y}}_k\|} \right)^{\mathrm{T}} (\boldsymbol{x}^k - \boldsymbol{x}^{k+1}) \geqslant 0 \qquad (7)$$

由式(7)得

$$\|\boldsymbol{x}^{k+1} - \boldsymbol{x}^k\|^2 \leqslant \alpha_k \frac{\overline{\boldsymbol{Y}}_K}{\|\overline{\boldsymbol{Y}}_K\|}(\boldsymbol{x}^k - \boldsymbol{x}^{k+1})$$

由上式得

$$\|\boldsymbol{x}^{k+1} - \boldsymbol{x}^k\| \leqslant \alpha_k \qquad (8)$$

又

$$\left(\boldsymbol{x}^{k+1} - \boldsymbol{x}^k + \alpha_k \frac{\overline{\boldsymbol{Y}}_k}{\|\overline{\boldsymbol{Y}}_k\|}\right)^{\mathrm{T}}(\boldsymbol{x}^k - \boldsymbol{x}^*)$$

$$= \left(\boldsymbol{x}^{k+1} - \boldsymbol{x}^k + \alpha_k \frac{\overline{\boldsymbol{Y}}_k}{\|\overline{\boldsymbol{Y}}_k\|}\right)^{\mathrm{T}}(\boldsymbol{x}^k - \boldsymbol{x}^{k+1} + \boldsymbol{x}^{k+1} - \boldsymbol{x}^*)$$

$$= \left(\boldsymbol{x}^{k+1} - \boldsymbol{x}^k + \alpha_k \frac{\overline{\boldsymbol{Y}}}{\|\overline{\boldsymbol{Y}}_k\|}\right)^{\mathrm{T}}(\boldsymbol{x}^k - \boldsymbol{x}^{k+1}) +$$

$$\left(\boldsymbol{x}^{k+1} - \boldsymbol{x}^k + \alpha_k \frac{\overline{\boldsymbol{Y}}_k}{\|\overline{\boldsymbol{Y}}_k\|}\right)^{\mathrm{T}}(\boldsymbol{x}^{k+1} - \boldsymbol{x}^*)$$

$$\overset{\text{由式(6)}}{\leqslant} \left(\boldsymbol{x}^{k+1} - \boldsymbol{x}^k + \alpha_k \frac{\overline{\boldsymbol{Y}}_k}{\|\overline{\boldsymbol{Y}}_k\|}\right)^{\mathrm{T}}(\boldsymbol{x}^k - \boldsymbol{x}^{k+1})$$

$$= -\|\boldsymbol{x}^{k+1} - \boldsymbol{x}^k\|^2 + \alpha_k(\boldsymbol{x}^k - \boldsymbol{x}^{k+1})^{\mathrm{T}} \frac{\overline{\boldsymbol{Y}}_k}{\|\overline{\boldsymbol{Y}}_k\|} \qquad (9)$$

于是

$$\|\boldsymbol{x}^{k+1} - \boldsymbol{x}^*\|^2 = \|\boldsymbol{x}^{k+1} - \boldsymbol{x}^k + \boldsymbol{x}^k - \boldsymbol{x}^*\|^2$$

$$= \|\boldsymbol{x}^k - \boldsymbol{x}^*\|^2 + \|\boldsymbol{x}^{k+1} - \boldsymbol{x}^k\|^2 + 2(\boldsymbol{x}^{k+1} - \boldsymbol{x}^k)^{\mathrm{T}}(\boldsymbol{x}^k - \boldsymbol{x}^*)$$

$$= \|\boldsymbol{x}^k - \boldsymbol{x}^*\|^2 + \|\boldsymbol{x}^{k+1} - \boldsymbol{x}^k\|^2 + 2\left(\boldsymbol{x}^{k+1} - \boldsymbol{x}^k + \alpha_k \frac{\overline{\boldsymbol{Y}}_k}{\|\overline{\boldsymbol{Y}}_k\|}\right)^{\mathrm{T}} \cdot$$

$$(\boldsymbol{x}^k - \boldsymbol{x}^*) - 2\alpha_k(\boldsymbol{x}^k - \boldsymbol{x}^*)^{\mathrm{T}} \frac{\overline{\boldsymbol{Y}}_k}{\|\overline{\boldsymbol{Y}}_k\|}$$

$$\overset{\text{由式}(9)}{\leqslant} \|\boldsymbol{x}^k - \boldsymbol{x}^*\|^2 + \|\boldsymbol{x}^{k+1} - \boldsymbol{x}^k\|^2 - 2\|\boldsymbol{x}^{k+1} - \boldsymbol{x}^k\|^2 + 2\alpha_k \cdot$$

$$(\boldsymbol{x}^k - \boldsymbol{x}^{k+1})^{\mathrm{T}} \frac{\overline{\boldsymbol{Y}}_k}{\|\overline{\boldsymbol{Y}}_k\|} - 2\alpha_k(\boldsymbol{x}^k - \boldsymbol{x}^*)\frac{\overline{\boldsymbol{Y}}_k}{\|\overline{\boldsymbol{Y}}_k\|}$$

$$\leqslant \|\boldsymbol{x}^k - \boldsymbol{x}^*\|^2 + 2\alpha_k\|\boldsymbol{x}^{k+1} - \boldsymbol{x}^k\| - 2\alpha_k(\boldsymbol{x}^k - \boldsymbol{x}^*)^{\mathrm{T}}\frac{\overline{\boldsymbol{Y}}_k}{\|\overline{\boldsymbol{Y}}_k\|}$$

$$\overset{\text{由式}(8)}{\leqslant} \|\boldsymbol{x}^k - \boldsymbol{x}^*\|^2 + 2\alpha_k^2 - 2\alpha_k(\boldsymbol{x}^k - \boldsymbol{x}^*)^{\mathrm{T}}\frac{\overline{\boldsymbol{Y}}_k}{\|\overline{\boldsymbol{Y}}_k\|}$$

即

$$\|\boldsymbol{x}^{k+1} - \boldsymbol{x}^*\|^2 \leqslant \|\boldsymbol{x}^k - \boldsymbol{x}^*\|^2 + 2\alpha_k^2 + 2\alpha_k(\boldsymbol{x}^* - \boldsymbol{x}^k)^{\mathrm{T}}\frac{\overline{\boldsymbol{Y}}_k}{\|\overline{\boldsymbol{Y}}_k\|}$$

$$\leqslant \|\boldsymbol{x}^k - \boldsymbol{x}^*\|^2 + 2\alpha_k^2 + 2\alpha_k \cdot \frac{(f(\boldsymbol{x}^*) - f(\boldsymbol{x}^k))}{\|\overline{\boldsymbol{Y}}_k\|}$$

令 $\varepsilon_k = f(\boldsymbol{x}^k) - f(\boldsymbol{x}^*)$，则对 $\forall k, \varepsilon_k > 0$，由上式得

$$\|\boldsymbol{x}^{k+1} - \boldsymbol{x}^*\|^2 \leqslant \|\boldsymbol{x}^k - \boldsymbol{x}^*\|^2 + 2\alpha_k^2 - 2\alpha_k\frac{\varepsilon_k}{\|\overline{\boldsymbol{Y}}_k\|}$$

即得

$$[\rho(\boldsymbol{x}^{k+1}, S_D)]^2 \leqslant [\rho(\boldsymbol{x}^k, S_D)]^2 + 2\alpha_k^2 - 2\alpha_k\frac{\varepsilon_k}{\|\overline{\boldsymbol{Y}}_k\|}$$

$$(10)$$

从式(10)有

$$2\alpha_k\frac{\varepsilon_k}{\|\overline{\boldsymbol{Y}}_k\|} \leqslant [\rho(\boldsymbol{x}^k, S_D)]^2 - [\rho(\boldsymbol{x}^{k+1}, S_D)]^2 + 2\alpha_k^2$$

由于 $\sum\limits_{k=0}^{\infty}\alpha_k^2$ 的收敛性，即知 $\sum\limits_{k=0}^{\infty}\alpha_k\dfrac{\varepsilon_k}{\|\overline{\boldsymbol{Y}}_k\|}$ 收敛，于是，从式(10)可知

$$\lim_{k\to\infty}\rho(\boldsymbol{x}^k,S_D) \text{存在且有限}$$

由于 $\sum_{k=0}^{\infty}\alpha_k=+\infty$ 知 $\lim_{k\to\infty}\inf\dfrac{\varepsilon_k}{\|\overline{\boldsymbol{Y}}_k\|}=0$，于是 $\lim_{k\to\infty}\inf\varepsilon_k=0$，故必有 $\lim_{k\to\infty}\rho(x^k,S_D)=0$

推论 1　若 $\{\boldsymbol{x}^k\}$ 是由算法 A 所产生的无穷序列，则 $\{\boldsymbol{x}^k\}$ 的每一聚点都在 S_D 中。

证明　由 S_D 是非空有界的闭凸集及 $\lim_{k\to\infty}\rho(\boldsymbol{x}^k, S_D)=0$ 知，$\{\boldsymbol{x}^k\}$ 有界，设 $\overline{X}$ 是 $\{\boldsymbol{x}^k\}$ 的一个聚点，则存在 $\{\boldsymbol{x}^k\}$ 的子列 $\{\boldsymbol{x}^{k_t}\}$，使得

$$\lim_{k_t\to\infty}\boldsymbol{x}^{k_t}=\overline{X}$$

又由 $\lim_{k_t\to\infty}\rho(\boldsymbol{x}^{k_t},S_D)=0$ 得，$\rho(\overline{X},S_D)=0$ 即

$$\overline{X}\in S_D$$

证毕.

参 考 资 料

[1] J. B. Rosen, G. L. Xue. A Globally Convergent Algorithm for the Euclidean Multifacility Location Problem, Submitted Publication.

[2] 袁亚湘. 不可微最优化的一些结果, 计算数学学报, 5:1(1987), 74-88.

[3] P. H. Calamai, A. R. Conn. A Projected Newton Method for lp Norm Location Problem, Mathematics Programming, 38(1987), 75-109.

[4] R. Fletcher. Practical Methods of Optimization, Second edition, John Willey and Sons, 1987.

[5] W. Miehle. Link Length Minimization in Net-

works, OR,6(1958),232-243.

[6]L. M. Ostresh. On the Convergence of a class of Iterative Method for Solving the Weber Location Problem, OR,26(1987),597-609.

[7] M. L. Overton. A Quadvatically Convergent Method for Miniming a Sum of Euclidean Norms, Mathematical Programming,27(1983),34-63.

[8] F. Rado. The Euclidean Multifacility Location Problem, OR,36(1988),485-492.

[9]J. B. Rosen. G. L. Xue. On the Convergence of Miehle's Algorithm for the Euclidean Multifacility Location Problem, Submitted for Publicution.

[10]王长钰. 一个新的转轴法与 Levitin-Polyak 梯度投影法的简化及其收敛特征,应用数学学报, 4(1981),37-52.

[11]王长钰. 在闭凸集上求 $\min \sum_{i=1}^{n} c_i \| x - a_i \|$ 型最优场址,应用数学学报,1(1978),145-150.

在闭凸集上连续型多场址的最优选择

0 引言

所谓离散型多场址问题（EMFL）是指

$$\min f(\boldsymbol{x}) = \min \left(\sum_{j=1}^{n} \sum_{i=1}^{m} w_{ji} \|\boldsymbol{x}_j - \boldsymbol{a}_i\| + \sum_{1 \leqslant j < k \leqslant n} v_{jk} \|\boldsymbol{x}_j - \boldsymbol{x}_k\| \right)$$

其中 $\boldsymbol{a}_1, \cdots, \boldsymbol{a}_m$ 是 $\mathbf{R}^d$ 中的 m 个点；$w_{ji} \geqslant 0, j = 1, \cdots, n, i = 1, \cdots, m; v_{jk} \geqslant 0, 1 \leqslant j < k \leqslant n; \boldsymbol{x} = (\boldsymbol{x}_1^{\mathrm{T}}, \cdots, \boldsymbol{x}_n^{\mathrm{T}})^{\mathrm{T}} \in \mathbf{R}^{nd}. \|\cdot\|$ 是 Euclid 范数.

关于（EMFL）问题，自 W. Miehle[1] 第一个给出解此问题的算法以来，已有很多研究. 例如，资料[2] ~ [6]中都对无约束的（EMFL）问题给出了算法. 后来李辉[7]给出了在闭凸集上（EMFL）问题的一个全局收敛算法.

曲阜师范大学的高乘云、王长钰两位教授在 1997 年《运筹学学报》12 月第 1 卷第 2 期中考虑在闭凸集上连续型多

第 五 章

场址的最优选择问题. 这一问题的提法是这样的:

给了一块有界闭区域 $D \subset \mathbf{R}^n$, 要在闭凸集 $C \subset \mathbf{R}^n$ 上找 m 个点 $\boldsymbol{x}_1^*, \cdots, \boldsymbol{x}_m^*$, 使

$$f(\boldsymbol{x}_1, \cdots, \boldsymbol{x}_m)$$

$$= \sum_{i=1}^m \int_D \rho_i(\boldsymbol{u}) \|\boldsymbol{x}_i - \boldsymbol{u}\| \mathrm{d}\boldsymbol{u} + \sum_{1 \leqslant i < j \leqslant m} C_{ij} \|\boldsymbol{x}_i - \boldsymbol{x}_j\|$$

达到最小. 其中 $\rho_i(\boldsymbol{u}), \boldsymbol{u} \in D(i=1, \cdots, m)$ 是在一正测度集上不为零的非负连续函数; $C_{ij} \geqslant 0, 1 \leqslant i < j \leqslant m$.

这就是所谓在欧氏空间闭凸集 C 上的连续型多场址问题, 简称为 CEMFLC 问题.

CEMFLC 问题的意义是在 C 上寻求 m 个场址, 使这 m 个场址到 D 中的一切点的加权欧氏距离的和与它们两两之间的加权欧氏距离的和之总和最小. 这一模型的实际背景是明显的.

若置 $\boldsymbol{x} = (\boldsymbol{x}_1^{\mathrm{T}}, \cdots, \boldsymbol{x}_m^{\mathrm{T}})^{\mathrm{T}}, G = \underbrace{C \times \cdots \times C}_{m\text{个}}$, 则 $\boldsymbol{x} \in \mathbf{R}^{mn}$, G 是 $\mathbf{R}^{mn}$ 中的闭凸集. 于是 CEMFLC 问题可表为

$$\min_{\boldsymbol{x} \in G} f(\boldsymbol{x})$$

$$= \min_{\boldsymbol{x} \in G} \left(\sum_{i=1}^m \int_D \rho_i(\boldsymbol{u}) \|\boldsymbol{x}_i - \boldsymbol{u}\| \mathrm{d}\boldsymbol{u} + \sum_{1 \leqslant i < j \leqslant m} C_{ij} \|\boldsymbol{x}_i - \boldsymbol{x}_j\| \right)$$

$$(1)$$

这里对(1)给出了一个全局收敛算法. 这一算法既适用于无约束(视 G 为 $\mathbf{R}^{mn}$)的连续型多场址问题(CEMFLC), 也适用于有约束或无约束的离散型多场址问题(EMFL), 而且大为简化了解 EMFL 问题的现有的一切算法. 例如在[5][6][7]所提出的算法中, 每一步迭代都要解一个子规划, 而这里给出的算法无须解子规划.

1　目标函数的性质

置

$$g(\boldsymbol{x}) = \sum_{i=1}^{m} \int_D \rho_i(\boldsymbol{u}) \|\boldsymbol{x}_i - \boldsymbol{u}\| \mathrm{d}\boldsymbol{u}$$

$$h(\boldsymbol{x}) = \sum_{1 \leqslant i < j \leqslant m} C_{ij} \|\boldsymbol{x}_i - \boldsymbol{x}_j\|$$

即 $f(\boldsymbol{x}) = g(\boldsymbol{x}) + h(\boldsymbol{x})$.

引理 1　任给有界闭区域 $D \subset \mathbf{R}^n (n \geqslant 2)$，有

$$\int_D \frac{\mathrm{d}\boldsymbol{u}}{\|\boldsymbol{u}\|} < +\infty$$

证明　当 $\overline{0} \notin D$ 时，则 $d = \inf_D \|\boldsymbol{u}\| > 0$，故有

$$\int_D \frac{\mathrm{d}\boldsymbol{u}}{\|\boldsymbol{u}\|} \leqslant \frac{|D|}{d}$$

（其中 $|D|$ 表示 D 的 Lebesgue 测度，下同）

当 $\overline{0} \in D$，取适当大的 $r > 0$，则有

$$\int_D \frac{\mathrm{d}\boldsymbol{u}}{\|\boldsymbol{u}\|} = \int_{D \cap |\boldsymbol{u}| \geqslant r} \frac{\mathrm{d}\boldsymbol{u}}{\|\boldsymbol{u}\|} + \int_{D \cap |\boldsymbol{u}| < r} \frac{\mathrm{d}\boldsymbol{u}}{\|\boldsymbol{u}\|}$$

$$\leqslant \frac{|D|}{r} + \int_{\|\boldsymbol{u}\| < r} \frac{\mathrm{d}\boldsymbol{u}}{\|\boldsymbol{u}\|}$$

$$= \frac{|D|}{r} + \frac{2\pi^{n/2} r^{n-1}}{(n-1)\Gamma(n/2)}$$

故 $\int_D \dfrac{\mathrm{d}\boldsymbol{u}}{\|\boldsymbol{u}\|} < +\infty$.

引理 2　$g(\boldsymbol{x})$ 是 $\mathbf{R}^{mn}$ 上的连续可微的凸函数，且

$$\nabla g(\boldsymbol{x}) \equiv \operatorname{grad} g(\boldsymbol{x}) =$$

$$\left(\left(\int_D \rho_1(\boldsymbol{u}) \frac{\boldsymbol{x}_1 - \boldsymbol{u}}{\|\boldsymbol{x}_1 - \boldsymbol{u}\|} \mathrm{d}\boldsymbol{u} \right)^{\mathrm{T}}, \cdots, \left(\int_D \rho_m(\boldsymbol{u}) \frac{\boldsymbol{x}_m - \boldsymbol{u}}{\|\boldsymbol{x}_m - \boldsymbol{u}\|} \mathrm{d}\boldsymbol{u} \right)^{\mathrm{T}} \right)^{\mathrm{T}}$$

证明　若记 $g_1(\boldsymbol{x}_1) = \int_D \rho_1(\boldsymbol{u}) \|\boldsymbol{x}_1 - \boldsymbol{u}\| \mathrm{d}\boldsymbol{u}$，则只

需证 $g_1(x_1)$ 是 $\mathbf{R}^n$ 上的连续可微的凸函数,且

$$\nabla g_1(x_1) = \int_D \rho_1(u) \frac{x_1 - u}{\|x_1 - u\|} \mathrm{d}u$$

事实上:由对一切 $u \in D, \rho_1(u)\|x_1 - u\|$ 是 $\mathbf{R}^n$ 上的凸函数,得 $g_1(x_1)$ 是 $\mathbf{R}^n$ 上的凸函数.

又,任取单位方向向量 $\boldsymbol{\alpha} \in \mathbf{R}^n: \|\boldsymbol{\alpha}\| = 1$,则

$$\lim_{t \to 0^+} \frac{g_1(x_1 + t\boldsymbol{\alpha}) - g_1(x_1)}{t}$$

$$= \lim_{t \to 0^+} \int_D \rho_1(u) \frac{\|x_1 + t\boldsymbol{\alpha} - u\| - \|x_1 - u\|}{t} \mathrm{d}u$$

$$= \lim_{t \to 0^+} \int_D \rho_1(u) \frac{2(x_1 - u, \boldsymbol{\alpha}) + t}{\|x_1 + t\boldsymbol{\alpha} - u\| + \|x_1 - u\|} \mathrm{d}u$$

$$= \lim_{t \to 0^+} \int_D \rho_1(u) \frac{2(x_1 - u, \boldsymbol{\alpha})}{\|x_1 + t\boldsymbol{\alpha} - u\| + \|x_1 - u\|} \mathrm{d}u +$$

$$\lim_{t \to 0^+} \int_D \frac{\rho_1(u)}{\|x_1 + t\boldsymbol{\alpha} - u\| + \|x_1 - u\|} \mathrm{d}u$$

$$= \int_D \rho_1(u) \frac{(x_1 - u, \boldsymbol{\alpha})}{\|x_1 - u\|} \mathrm{d}u \equiv g_{1\alpha}(x_1)$$

其中,最后一个等号是因为:第一个极限,由于

$$\left| \rho_1(u) \frac{2(x_1 - u, \boldsymbol{\alpha})}{\|x_1 + t\boldsymbol{\alpha} - u\| + \|x_1 - u\|} \right|$$

$$\leqslant \rho_1(u) \frac{2\|x_1 - u\| \cdot \|\boldsymbol{\alpha}\|}{\|x_1 - u\|} = 2\rho_1(u)$$

因而可积分号下取极限;第二个极限为零是因为

$$\int_D \frac{\rho_1(u)\mathrm{d}u}{\|x_1 + t\boldsymbol{\alpha} - u\| + \|x_1 - u\|}$$

$$\leqslant \int_D \frac{\rho_1(u)\mathrm{d}u}{\|x_1 - u\|} < +\infty \,(\text{引理 } 1)$$

$(\cdot,\cdot)$ 表示内积，$g_{1\alpha}(\boldsymbol{x}_1)$ 表示 g_1 在点 $\boldsymbol{x}_1$ 沿 $\boldsymbol{\alpha}$ 的方向导数. 显然，$g_{1a}(\boldsymbol{x}_1)$ 是连续的

$$\lim_{\triangle \boldsymbol{x}_1 \to 0} g_{1a}(\boldsymbol{x}_1 + \triangle \boldsymbol{x}_1)$$

$$= \lim_{\triangle \boldsymbol{x}_1 \to 0} \int_D \rho_1(\boldsymbol{u}) \frac{(\boldsymbol{x}_1 + \triangle \boldsymbol{x}_1 - \boldsymbol{u}, \boldsymbol{a})}{\|\boldsymbol{x}_1 + \triangle \boldsymbol{x}_1 - \boldsymbol{u}\|} \mathrm{d}\boldsymbol{u}$$

$$= \int_D \lim_{\triangle \boldsymbol{x}_1 \to 0} \rho_1(\boldsymbol{u}) \frac{(\boldsymbol{x}_1 + \triangle \boldsymbol{x}_1 - \boldsymbol{u}, \boldsymbol{a})}{\|\boldsymbol{x}_1 + \triangle \boldsymbol{x}_1 - \boldsymbol{u}\|} \mathrm{d}\boldsymbol{u}$$

$$= \int_D \rho_1(\boldsymbol{u}) \frac{(\boldsymbol{x}_1 - \boldsymbol{u}, \boldsymbol{a})}{\|\boldsymbol{x}_1 - \boldsymbol{u}\|} \mathrm{d}\boldsymbol{u} = g_{1a}(\boldsymbol{x}_1)$$

故 $g_1(\boldsymbol{x}_1)$ 连续可微.

最后，依次命 $\boldsymbol{a} = (1,0,\cdots,0),(0,1,0,\cdots,0),\cdots,(0,\cdots,0,1)$ 便得

$$\nabla g_1(\boldsymbol{x}_1) = \int_D \rho_1(\boldsymbol{u}) \frac{\boldsymbol{x}_1 - \boldsymbol{u}}{\|\boldsymbol{x}_1 - \boldsymbol{u}\|} \mathrm{d}\boldsymbol{u}$$

定理 1　$f(\boldsymbol{x})$ 是 $\mathbf{R}^{mn}$ 上的连续凸函数.

证明　由引理 2 知 $g(\boldsymbol{x})$ 连续凸；又 $h(\boldsymbol{x})$ 是欧氏范数的加权和，亦连续凸. 故 $f(\boldsymbol{x}) = g(\boldsymbol{x}) + h(\boldsymbol{x})$ 是连续凸函数.

2　解集的性质及次梯度

引理 3　$\lim_{\|\boldsymbol{x}\| \to \infty} f(\boldsymbol{x}) = +\infty$.

证明　若 $\|\boldsymbol{x}\| \to \infty$，则至少有一个 $i_0 \in \{1,\cdots,m\}$，使 $\|\boldsymbol{x}_{i_0}\| \to \infty$，于是有

$$\lim_{\|\boldsymbol{x}_{i_0}\| \to \infty} \int_D \rho_{i_0}(\boldsymbol{u}) \|\boldsymbol{x}_{i_0} - \boldsymbol{u}\| \mathrm{d}\boldsymbol{u} = +\infty$$

而

$$f(\boldsymbol{x}) = \sum_{i=1}^m \int_D \rho_i(\boldsymbol{u}) \|\boldsymbol{x}_i - \boldsymbol{u}\| \mathrm{d}\boldsymbol{u} + \sum_{1 \leqslant i < j \leqslant m} C_{ij} \|\boldsymbol{x}_i - \boldsymbol{x}_j\|$$

$$< \int_D \rho_{i_0}(\boldsymbol{u}) \| \boldsymbol{x}_{i_0} - \boldsymbol{u} \| \mathrm{d}\boldsymbol{u}$$

故

$$\lim_{\|\boldsymbol{x}\|\to\infty} f(\boldsymbol{x}) = +\infty$$

定理 2 设 S 是 CEMFLC(1) 的最优解集,则 S 是一个非空有界闭凸集.

证明 由定理 1,引理 3 及 G 是闭凸集得证.

置 $\boldsymbol{A}_{ij} = C_{ij} \overbrace{[\boldsymbol{\theta}, \cdots, \underset{i}{\boldsymbol{I}}, \cdots, \underset{j}{-\boldsymbol{I}}, \cdots, \boldsymbol{\theta}]}^{m}$ 其中 $\boldsymbol{\theta}$ 是 n 阶零阵,$\boldsymbol{I}$ 是 n 阶单位阵. 则可改写 $h(\boldsymbol{x})$ 为

$$h(\boldsymbol{x}) = \sum_{1 \leqslant i < j \leqslant m} \| \boldsymbol{A}_{ij} \boldsymbol{x} \|$$

又记

$$\boldsymbol{B}_l = \boldsymbol{B}_{\frac{(m-i)(m-i-1)}{2}+j-i} = \boldsymbol{A}_{ij} \quad (1 \leqslant i < j \leqslant m)$$

$$l \in M = \left\{ 1, 2, \cdots, \frac{m(m-1)}{2} \right\}$$

置 $h_l(\boldsymbol{x}) = \| \boldsymbol{B}_l \boldsymbol{x} \|$,则

$$h(\boldsymbol{x}) = \sum_{l \in M} h_l(\boldsymbol{x})$$

显然,对于 $\boldsymbol{x} \in \mathbf{R}^{mn}$,若 $\| \boldsymbol{B}_l \boldsymbol{x} \| \neq 0$,则 $h_l(\boldsymbol{x})$ 在点 $\boldsymbol{x}$ 是可微的,且其梯度 $\nabla h_l(\boldsymbol{x}) = \boldsymbol{B}_l^{\mathrm{T}} \dfrac{\boldsymbol{B}_l \boldsymbol{x}}{\| \boldsymbol{B}_l \boldsymbol{x} \|}$;若 $\| \boldsymbol{B}_l \boldsymbol{x} \| = 0$,则 $h_l(\boldsymbol{x})$ 在点 $\boldsymbol{x}$ 是不可微的.

定理 3 令 $M_0(\boldsymbol{x}) = \{ l \in M \mid \| \boldsymbol{B}_l \boldsymbol{x} \| = 0 \}$,则 $f(\boldsymbol{x})$ 在点 $\boldsymbol{x}$ 处的次梯度

$$\partial f(\boldsymbol{x}) = \left\{ \boldsymbol{r} = \nabla g(\boldsymbol{x}) + \sum_{l \in M - M_0(\boldsymbol{x})} \nabla h_l(\boldsymbol{x}) + \right.$$

$$\left. \sum_{l \in M_0(\boldsymbol{x})} \boldsymbol{B}_l^{\mathrm{T}} \boldsymbol{u}_l \mid \| \boldsymbol{u}_l \| \leqslant 1, \boldsymbol{u}_l \in \mathbf{R}^n, l \in M_0(\boldsymbol{x}) \right\}$$

证明 $\forall \hat{\boldsymbol{r}} = \nabla g(\boldsymbol{x}) + \sum_{l \in M - M_0(\boldsymbol{x})} \nabla h_l(\boldsymbol{x}) +$

68

$$\sum_{l \in M_0(x)} \boldsymbol{B}_l^{\mathrm{T}} \hat{\boldsymbol{u}}_l \in \partial f(\boldsymbol{x}) , \forall \boldsymbol{y} \in \mathbf{R}^{mn} , \text{则}$$

$$\Big(\sum_{l \in M_0(x)} B_l^{\mathrm{T}} \hat{\boldsymbol{u}}_l \Big)^{\mathrm{T}} (\boldsymbol{y} - \boldsymbol{x})$$

$$= \sum_{l \in M_0(e)} \hat{\boldsymbol{u}}_l^{\mathrm{T}} \boldsymbol{B}_l \boldsymbol{y} \leqslant \sum_{l \in M_0(x)} \| \boldsymbol{B}_l \boldsymbol{y} \| = \sum_{l \in M_0(x)} h_l(\boldsymbol{y})$$

故

$$f(\boldsymbol{y}) - f(\boldsymbol{x})$$

$$= g(\boldsymbol{y}) - g(\boldsymbol{x}) + h(\boldsymbol{y}) - h(\boldsymbol{x})$$

$$= g(\boldsymbol{y}) - g(\boldsymbol{x}) + \sum_{l \in M - M_0(x)} [h_l(\boldsymbol{y}) - h_l(\boldsymbol{x})] +$$

$$\sum_{l \in M_0(x)} h_l(\boldsymbol{y})$$

$$\geqslant \Big[\nabla g(\boldsymbol{x}) + \sum_{l \in M - M_0(x)} \nabla h_l(\boldsymbol{x}) \Big]^{\mathrm{T}} (\boldsymbol{y} - \boldsymbol{x}) +$$

$$\Big(\sum_{l \in M_0(x)} \boldsymbol{B}_l^{\mathrm{T}} \hat{\boldsymbol{u}}_l \Big)^{\mathrm{T}} (\boldsymbol{y} - \boldsymbol{x})$$

$$= \hat{\boldsymbol{r}}^{\mathrm{T}} (\boldsymbol{y} - \boldsymbol{x})$$

3　算法及其收敛性

这里我们给出 CEMFLC(1)的算法. 为证明这算法的收敛性,我们引进一条引理.

对于规划

$$\min_{\boldsymbol{x} \in E} \phi(\boldsymbol{x}) \tag{P}$$

其中 E 是 $\mathbf{R}^n$ 中的闭凸集, $\phi(\boldsymbol{x})$ 是凸函数且存在次梯度 $\partial \phi(\boldsymbol{x})$. 用递推公式

$$\boldsymbol{x}^{(k+1)} = \pi_E \big[\boldsymbol{x}^{(k)} - \alpha_k \beta_k \hat{\phi}_x(\boldsymbol{x}^{(k)}) \big]$$

产生可行解点列 $\{ \boldsymbol{x}^{(k)} \}$,其中 $\hat{\phi}_x(\boldsymbol{x}^{(k)})$ 是 $\partial \phi(\boldsymbol{x}^{(k)})$ 中

的任一元素,π_E 为 $\mathbf{R}^n$ 到 E 上的投影算子,即

"$\forall x \in \mathbf{R}^n, y = \pi_E(x)$"$\Leftrightarrow$"$y \in E: \|y - x\| = \min_{z \in E} \|z - x\|$"

由 E 是闭凸集知,y 存在且唯一.

引理 4 若

(1)对任一常数 $L > 0$,存在数 $A_L > 0$,使得对一切 $\|x\| \leqslant L$,有 $\|\hat{\phi}_x(x)\| \leqslant A_L$;

(2)$\beta_k > 0, \beta_k \|\hat{\phi}_x(x^{(k)})\| \leqslant B$(常数),对 $\forall k$ 成立;

(3)$\alpha_k \geqslant 0, \sum_{k=0}^{\infty} \alpha_k = \infty; \alpha_k \to 0, k \to \infty$;

(4)规划(P)的最优解集 X 非空有界. 则

$$\lim_{k \to \infty} \phi(x^{(k)}) = \phi^*$$

这里 ϕ^* 是最优值,即 $\phi^* = \phi(x^*), x^* \in X$.

证明 参看资料[8].

算法 A.

选取数列 $\{\alpha_k\}$,满足 $\alpha_k > 0, \sum_{k=0}^{\infty} \alpha_k = \infty, \alpha_k \to 0,$ $k \to \infty$.

第 0 步 取初始点 $x^0 \in G$,置 $k := 0$.

第 1 步 如果已得 $x^k \in G, bc\ \overline{r}_k \in \partial f(x^k)$,若 $\overline{r}_k = 0$,则停;否则,转第 2 步.

第 2 步 命 $x^{k+1} = \pi_G\left(x^k - \alpha_k \dfrac{\overline{r}_k}{\|\overline{r}_k\|}\right)$,置 $k := k + 1$,返回第 1 步.

定理 4 对任何初始点 $x^0 \in G$,算法 A 或

(i)经有限步迭代终止于 CEMFLC(1) 的一个最优解,或

（ii）产生一个无穷点列$\{x^k\}$，其每个聚点都是 CEMFLC（1）的最优解.

证明 若$\bar{r}_k = 0$，则由次梯度的定义，对一切$y \in \mathbf{R}^{mn}$，有$f(y) \geqslant f(x^k) + \bar{r}_k^{\mathrm{T}}(y - x^k) = f(x^k)$，即$x^k \in S$. 故（i）得证.

（ii）的证明：视 CEMFLC（1）为规划（P），往证算法 A 满足引理 4 的条件. 事实上，由次梯度$\partial f(x)$的结构（注意到$\nabla g(x)$连续），易见$\partial f(x)$在$\mathbf{R}^{mn}$中的任何有界闭集上是一致有界的，即满足（1）；由$\dfrac{1}{\|\bar{r}_k\|} > 0$，$\dfrac{1}{\|\bar{r}_k\|}\|\bar{r}_k\| = 1$，知满足（2）（3）成立是显然的；（4）由定理 3 推得. 故有

$$\lim_{k \to \infty} f(x^k) = f(x^*) \quad (x^* \in S)$$

又注意到$f(x)$连续，于是$\{x^k\}$的每个聚点都是 CEM-FLC（1）的最优解，得证.

推论 1 设$\{x^k\}$是算法 A 产生的无穷点列，那么$\lim\limits_{k \to \infty} d(x^k, s) = 0$. 此处$d(x, s) = \min\limits_{y \in S}\|x - y\|$.

证明 否则，则存在$\varepsilon > 0$和$\{x^k\}$的子列$\{x^{k_t}\}$，使得$d(x^{k_t}, s) \geqslant varepsilon$. 由定理 4 及引理 3 知$\{x^{k_t}\}$有界，于是$\{x^{k_t}\}$有收敛子列，不妨就设$x^{k_t} \to \bar{x}$，则有$d(\bar{x}, s) \geqslant \varepsilon$，即$\bar{x} \notin S$，亦即$\bar{x}$不是 CEMFLC（1）的最优解. 此与定理 4 矛盾.

注 算法 A 可用于解有约束或无约束的离散型多场址问题（EMFL）.

事实上，容易看出（EMFL）问题目标函数$f(x)$的次梯度$\partial f(x)$在$\mathbf{R}^{nd}$上是一致有界的（见 J. B. Rosen 和

71

薛国良[6]或李辉[5][7]的次梯度 $\partial f(\boldsymbol{x})$ 的表达式),而满足引理 4 的条件(2)(3)(4)可仿同定理 4.

参 考 资 料

[1] W. Miehle. Link Length Minimization in Networks. OR, 6(1958),232-243.

[2] M. L. Overton. A Quadvatically Convergent Method for Miniming a Sum of Euclidean Norms. Mathematical Programming, 27(1983),34-63.

[3] P. H. Calamai, A. R. Conn. A Projected Newton Method for 1p Norm Location Problems. Mathematical Programming, 38(1987),75-109.

[4] F. Rado. The Euclidean Multifacility Location Problem. OR, 36(1988),485-492.

[5] 李辉. 多场址问题的一个全局收敛算法及其推广. 运筹学杂志,2(1990),54-56.

[6] J. B. Rosen, G. L. Xue. A Globally Convergent Algorithm for the Euclidean Multiplicity Location Problem. Acta Mathematicac Applicatae Sinica, 4(1992),357-366.

[7] 李辉. 闭凸集上多场址问题的一个全局收敛算法. 应用数学学报,4(1993),500-507.

[8] 王金德. 随机规划. 南京大学出版社,1990,294-300.

平面上的点－线选址问题

郑州大学数学系的林诒勋、尚松蒲两位教授 2002 年研究了两类平面选址问题：（1）求一直线到 n 个给定点的加权距离和为最小；（2）求一点到 n 条给定直线的加权距离和为最小. 对这两个非线性最优化问题，我们给出迭代次数为多项式的算法.

第 六 章

0　引言

在油田管网设计及交通道路设计中提出如下的干线选址问题：

问题 A　平面上给定 n 个点 P_1, $P_2, \cdots, P_n$，求一直线 L，使

$$\sum_{i=1}^{n} w_i d(P_i, L)$$

为最小. 这里，w_i 表示点 P_i 的权，$d(P_i, L)$ 表示点 P_i 到直线 L 的距离.

下面是它的"对偶"问题，其实际意义是求一厂址（或营地），使它到若干条传输线路（如油、气、水、电等管线或铁路、公路）的总距离为最小.

问题 B 平面上给定 n 条直线 $L_1, L_2, \cdots, L_n$，求一点 X，使

$$\sum_{i=1}^{n} w_i d(X, L_i)$$

为最小.

传统的选址问题都只考虑点到点距离意义下的服务点选择. 现在我们考虑点到直线距离意义下的干线或设施位置选择. 问题 A 类似于求回归直线(见[1])，但目标函数完全不同. 我们知道，在最小二乘法中，目标函数是纵坐标之差的平方和，不是点到线的距离之和.

我们将发现问题 A 和 B 有很好的对偶性质：问题 A 的最优解可在某两个给定点的连线中找到；问题 B 的最优解可在某两条给定线的交点中找到. 基于这种性质，两个非线性优化问题便转化为组合问题，从而得到迭代次数为多项式的算法.

后面安排如下：第 1 部分讨论问题 A 的最优性条件，第 2 部分建立它的算法，第 3 部分研究问题 B，第 4 部分提出进一步研究的问题.

1 问题 A 的最优性判定

记 $T = \{P_1, P_2, \cdots, P_n\}$，其中给定点 P_i 称为终端 (terminal). 设 P_i 的坐标为 (a_i, b_i)，$i = 1, 2, \cdots, n$. 并设直线 L 的法式方程为

$$L: x\cos \theta + y\sin \theta = r$$

则点 P_i 到直线 L 的距离为

$$d(P_i, L) = |a_i\cos \theta + b_i\sin \theta - r|$$

于是问题 A 的目标函数为

$$F(r,\theta) = \sum_{i=1}^{n} w_i \left| a_i\cos\theta + b_i\sin\theta - r \right|$$

其中 $r \geqslant 0, 0 \leqslant \theta \leqslant 2\pi$.

首先考虑当 θ 固定时,函数 F 对变量 r 的变化率. 显然, F 对 r 的偏导数不存在,但存在单侧导数. 直线 L 把平面划分为两个半平面

$$H^+ : x\cos\theta + y\sin\theta > r$$

$$H^- : x\cos\theta + y\sin\theta < r$$

易知

$$F(r,\theta) = \sum_{P_i \in H^+} w_i(a_i\cos\theta + b_i\sin\theta - r) + \sum_{P_i \in H^- \cup L} w_i(r - a_i\cos\theta - b_i\sin\theta)$$

由此得到:

命题 1　当直线 L 沿其法向平移时,函数 F 的变化率(方向导数)为

$$F_r^+ = \sum_{P_i \in H^- \cup L} w_i - \sum_{P_i \in H^+} w_i$$

由于随 r 的增大, F_r^+ 是单调增的,故有:

命题 2　当 θ 固定时,函数 $F(r,\theta)$ 是关于 r 的凸函数.

由函数的凸性知,局部最优解必为整体最优解. 而局部最优解的条件是方向导数 $F_r^+ \geqslant 0, F_r^- \geqslant 0$. 所以我们有

命题 3　当 θ 固定时,直线 $L(r,\theta)$ 是最优解的充要条件是

$$\sum_{P_i \in H^+} w_i \leqslant \frac{1}{2}W \tag{1}$$

$$\sum_{P_i \in H^-} w_i \leqslant \frac{1}{2}W \tag{2}$$

75

其中 $W = \sum\limits_{i=1}^{n} w_i$.

满足条件(1)及(2)的直线称为"中位线". 最优直线一定是中位线;并且可以选择这样的最优中位线,使它通过某一个终端 P_i.

然后,讨论当直线旋转时函数 F 的变化率. 不妨考虑 $r = \theta = 0$ 的情形,此时直线 L 与 y 轴重合,故可规定 y 轴的正向为 L 的正向. 原点 O 把 L 分为两部分:其正向一侧的半直线记为 L^+,其负向一侧的半直线记为 L^-. 同时,半平面 H^+ 为 Ⅰ, Ⅳ象限,H^- 为 Ⅱ, Ⅲ象限.

当 $\theta > 0$ 充分小时

$$F(0,\theta) = \sum_{P_i \in H^+ \cup L^+} w_i(a_i\cos\theta + b_i\sin\theta) -$$
$$\sum_{P_i \in H^- \cup L^-} w_i(a_i\cos\theta + b_i\sin\theta)$$
$$F(0,-\theta) = \sum_{P_i \in H^+ \cup L^-} w_i(a_i\cos\theta - b_i\sin\theta) -$$
$$\sum_{P_i \in H^- \cup L^+} w_i(a_i\cos\theta - b_i\sin\theta)$$

由此推出

命题 4 当直线 L 绕原点 O 旋转时,函数 $F(0,\theta)$ 在 $\theta = 0$ 处的两个方向导数分别为

$$F_\theta^+(0,0) = \sum_{P_i \in H^+ \cup L^+} w_i b_i - \sum_{P_i \in H^- \cup L^-} w_i b_i$$
$$F_\theta^-(0,0) = \sum_{P_i \in H^- \cup L^+} w_i b_i - \sum_{P_i \in H^+ \cup L^-} w_i b_i$$

当直线 L 不通过原点 O,而绕其中一点 O' 旋转时,可作坐标变换后再运用上述公式. 此时,上式中的 b_i 代以向量 $O'P_i$ 在 L 轴上的投影 b_i'.

显然,若 L 为最优直线,则 $F_\theta^+ \geq 0, F_\theta^- \geq 0$. 于是得

到如下等价论断.

命题 5　若直线 L 为最优解,则绕其上任一点 O' 作旋转时均有

$$\sum_{P_i \in H^- \cup L^-} w_i b_i' \leqslant \frac{1}{2} M \qquad (3)$$

$$\sum_{P_i \in H^+ \cup L^-} w_i b_i' \leqslant \frac{1}{2} M \qquad (4)$$

其中 $M = \displaystyle\sum_{i=1}^{n} w_i b_i'$.

满足条件(3)及(4)的直线称为"平衡线"(因为此条件类似于力矩的平衡). 注意此条件只能判定局部最优,对整体最优解而言不是充分的. 例如在图 1 中,直线 L_1 和 L_2 均满足平衡条件(3)及(4)(其中 $w_i = 1, M = 0$),但只有 L_1 才是最优解.

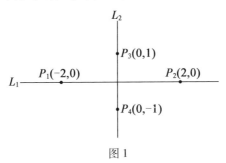

图 1

命题 6　存在最优直线 L^* 通过某两个终端 P_j 及 P_k.

证明　由中位条件,必存在最优直线 L 过一个终端 P_j. 若它只过一个终端 P_j,则以 P_j 为中心作 L 的旋转,其两个方向的方向导数为

$$F_\theta^+ = \sum_{P_i \in H^+} w_i b_i' - \sum_{P_i \in H^-} w_i b_i'$$

$$F_\theta^- = \sum_{P_i \in H^-} w_i b_i' - \sum_{P_i \in H^+} w_i b_i'$$

二者之中必有其一为非正,不妨设 $F_\theta^+ \leq 0$. 于是可将 L 沿逆时针方向旋转到通过另一终端 P_k,得到直线 L^*. 由于其目标函数值不增,故 L^* 是一最优直线.

综上所述,我们可以从任意两点连线中,选择出满足条件(1)~(4)的局部最优解,然后从中选出整体最优解.

2 问题 A 的算法

首先作 n 个终端 $P_1, P_2, \cdots, P_n$ 的凸包,即包含这些点的最小凸多边形区域,记为 R. 过终端 P_i 及 P_j 的直线 L 处于区域 R 内的线段记为 $S(P_i, P_j)$. 所有这些线段 $S(P_i, P_j)$ $(1 \leq i, j \leq n)$ 构成的集合记为 σ. 它就是最优解的选择范围.

σ 中两个线段 S_1 及 S_2 称为相交的,是指它们相交于线段内点(不包括相交于端点情形). 此外,线段 S_1 与 S_2 称为相邻的,是指它们不相交,且它们之间的区域内不含任何终端 P_i.

现比较两条不相交的线段 S_1 及 S_2,其中 S_1 是中位线. 它们把凸区域 R 划分为三个凸区域 R_1, R_2 及 R_3,其中 $R_1 \cap R_2 = S_1, R_2 \cap R_3 = S_2, R_1 \cup R_2 \cup R_3 = R$(图 2). 特别是当 $(R \setminus (R_1 \cup R_3)) \cap T = \varnothing$,线段 S_1 与 S_2 相邻. 注意:这里假定区域 R 及 R_i 都是闭的.

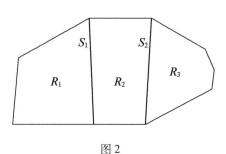

图 2

由 S_1 为中位线可知

$$\sum_{P_i \in R \setminus (R_2 \cup R_3)} w_i \leqslant \frac{1}{2}W, \quad \sum_{P_i \in R \setminus R_1} w_i \leqslant \frac{1}{2}W$$

我们有如下两种情形：

（i）当 $\displaystyle\sum_{P_i \in R_1} w_i = \frac{1}{2}W$ 且 S_1 与 S_2 相邻时，有 $\displaystyle\sum_{P_i \in R_3} w_i = \frac{1}{2}W$，从而 S_2 也是中位线．

（ii）否则 $\displaystyle\sum_{P_i \in R_1} w_i > \frac{1}{2}W$，因而 $\displaystyle\sum_{P_i \in R \setminus R_3} w_i > \frac{1}{2}W$，故 S_2 不可能为中位线．

因此，当 S_1 是一中位线时，在所有与 S_1 不相交的线段中，除与它相邻的线段有可能也是中位线（满足情形（i）的条件）之外，其余线段均不可能为中位线，当然不可能为最优解，从而可以从 σ 中删去．由此得到如下算法：

算法 A　（开始时 $i = 0$）

第 0 步　令 $i := i + 1$，从 σ 中任取一线段作为 S_i．

第 1 步　保持 S_i 的方向，用对分法（binary search）作平移，找到经过某个终端的中位线 S_i'．若它只通过一个终端，则在目标函数不增的条件下做适当的旋转,使它通过两个终端(见命题6). 这样得到的中位线为 S_{i+1}. 若它满足情形(i)的条件,则取出相邻的中位线,作为 S_{i+1} 的候补元素.

第2步 令 $i := i + 1$,检查 S_i 及其候补元素是否满足平衡条件(3)(4). 若然,则得到局部最优解. 与先前记下的局部最优解进行比较,保留当前最优者.

第3步 将 S_i 以及所有与它不相交的线段从 σ 中删去. 若 $\sigma = \varnothing$,则终止(输出当前最优的局部最优解,即整体最优解);否则转第0步.

算法 A 以搜索中位线为主,最坏情形可能要找遍所有 $\frac{1}{2}n(n-1)$ 条连线. 例如图 1 所示的 $n = 4$ 的例子,6 条连线都是中位线,有可能都要搜索到. 然而,在常见的情况下迭代次数会少得多. 事实上,对各点的权 w_i 的随机分布而言,中位条件(1)及(2)的等号成立(即上述情形(i)出现)是十分罕见的. 因此,我们可以假定这种情形不出现,从而每一方向上的中位线是唯一的. 另外,为了便于估算,不妨假定所有终端 P_i 都处于凸多边形区域的边界上. 那么,算法的每一次迭代都至少删去由一个顶点引出的所有边. 故算法至多执行 n 次迭代.

最后让我们看两个特例:

(a)当 $n = 3$,$w_i = 1$ 时,3 个终端 P_1, P_2, P_3 构成一个三角形,则三角形的最长边为最优直线.

(b)当 $n = 4$,$w_i = 1$ 且 4 个终端构成一个凸四边形时,它的最长对角线为最优直线.

3 问题 B 及其算法

这一节来研究"对偶"问题:平面上给定 n 条直线

$L_i(i=1,2,\cdots,n)$，求一点 X，使

$$\sum_{i=1}^{n} w_i d(X, L_i)$$

为最小，其中 $d(X, L_i)$ 为点 X 到直线 L_i 的距离. 设直线 L_i 的法式方程为

$$L_i : a_i x + b_i y = c_i$$

其中 $a_i^2 + b_i^2 = 1, c_i \geqslant 0$. 则目标函数为

$$G(x, y) = \sum_{i=1}^{n} w_i | a_i x + b_i y - c_i |$$

问题是在平面上求一点 (x, y)，使函数 $G(x, y)$ 达到最小.

由组合计数方法不难证明如下论断.

命题7 n 条直线至多把平面划分为 $\frac{1}{2}n(n+1)+1$ 个凸多边形区域（有的区域为无界）.

现设直线 $L_1, \cdots, L_n$ 把平面划分出的区域为 R_1, $R_2, \cdots, R_m (m \leqslant \frac{1}{2}n(n+1)+1)$. 这每一个区域都是 n 个半平面的交集. 设直线 L_i 划分出的两个半平面为

$$L_i^+ : a_i x + b_i y \geqslant c_i$$
$$L_i^- : a_i x + b_i y \leqslant c_i$$

则每一个区域可表为

$$R(I) = (\bigcap_{i \in I} L_i^+) \cap (\bigcap_{j \in \bar{I}} L_j^-)$$

其中 $I \subseteq \{1, 2, \cdots, n\}, \bar{I} = \{1, 2, \cdots, n\} \backslash I$. 例如，区域 $R(\{1, 2, \cdots, k\})$ 表示如下 n 个半平面的交

$$a_1 x + b_1 y \geqslant c_1$$
$$\vdots$$
$$a_k x + b_k y \geqslant c_k$$

$$a_{k+1}x + b_{k+1}y \leqslant c_{k+1}$$
$$\vdots$$
$$a_n x + b_n y \leqslant c_n$$

注意对 2^n 个子集 I 而言,不少区域 $R(I)$ 是空集.同时,不妨假定这些直线是正常相交的,即没有三条直线相交于一点.

命题 8 在每一个区域 $R_i(1 \leqslant i \leqslant m)$ 上函数 $G(x,y)$ 是线性的.

证明 不妨设 $R_i = R(1,2,\cdots,k)$.则当 $(x,y) \in R_i$ 时,有

$$G(x,y)$$
$$= \sum_{i=1}^{k} w_i(a_i x + b_i y - c_i) + \sum_{i=k+1}^{n} w_i(c_i - a_i x - b_i y)$$
$$= \Big(\sum_{i=1}^{k} w_i a_i - \sum_{i=k+1}^{n} w_i a_i\Big)x + \Big(\sum_{i=1}^{k} w_i b_i - \sum_{i=k+1}^{n} w_i b_i\Big)y -$$
$$\Big(\sum_{i=1}^{k} w_i c_i - \sum_{i=k+1}^{n} w_i c_i\Big)$$

这是一个线性函数.

推论 1 在区域 R_i 上,线性函数 $G(x,y)$ 的法向量(梯度)为

$$\mathrm{grad}_{R_i}(x,y) = \Big(\sum_{i \in I} w_i a_i - \sum_{i \in \bar{I}} w_i a_i, \sum_{i \in I} w_i b_i - \sum_{i \in \bar{I}} w_i b_i\Big)$$

其中 $R_i = R(I)$.

由于 $G(x,y)$ 在每个凸多边形区域 R_i 上是线性的,其最优点可在多边形的顶点上达到,所以我们有命题 6 的对偶性质如下:

推论 2 必存在一个最优点 (x^*, y^*) 是两直线 L_i 与 L_j 的交点.

命题 9 函数 $G(x,y)$ 是凸函数.

证明　首先,容易由定义验证
$$G_i(x,y) = w_i \left| a_i x + b_i y - c_i \right|$$
是凸函数. 然后,有限个凸函数之和仍为凸函数,故得欲证(关于凸函数的性质参见[2~4]).

既然 $G(x,y)$ 是分片线性的凸函数,它的局部最优解一定是整体最优解. 而判定局部最优解可以借助梯度向量 $\mathrm{grad}_{R_i}(x,y)$. 由二维线性规划的性质立得:

命题 10　考虑目标函数 $G(x,y)$ 在凸多边形区域 R_i 上的二维线性规划. R_i 的顶点 $P(x,y)$ 是最优解的充要条件是:点 P 的两条边与法向量 $\mathrm{grad}_{R_i}(x,y)$ 的夹角均小于或等于 $\dfrac{\pi}{2}$.

事实上,此条件等价于:法向量 $\mathrm{grad}_{R_i}(x,y)$ 与区域 R_i 均处于通过点 P 的等值线(即与法向量垂直的直线)的同侧.

综上所述,得到最优解判定准则.

命题 11　设 $P(x,y)$ 是两条给定直线的交点,其周围邻接的 4 个区域为 R_1,R_2,R_3 及 R_4,则 P 是整体最优解的充要条件是: P 是 R_i 上的线性规划的最优解 $(i=1,2,3,4)$.

例如,当 $n=3,w_i=1$ 时,三条直线 L_1,L_2,L_3 围成一个三角形 ABC,则内角最大(因而高最小)的顶点为最优点.

下面给出一般情形的算法.

算法 B

第 0 步　在 n 条直线划分出的凸区域中任取一个有界区域 R.

第 1 步　在区域 R 上作线性函数 $G(x,y)$ 的法向

量 $\mathrm{grad}_R(x,y)$，并用二维线性规划方法求出 R 上的最优顶点 P．

第 2 步 检查顶点 P 邻接的 4 个凸区域，判定它是不是这些区域上的线性规划的最优点．若然，则 P 为整体最优解，终止．

第 3 步 在顶点 P 邻接的区域中，设不是区域 R' 上的最优解．令 $R \leftarrow R'$，转第 1 步．

在上述算法中，逐次解二维线性规划，可用二维图解法（几何作图），也可用数值方法．由于所有直线的交点有 $\dfrac{1}{2}n(n-1)$ 个，对上述算法考查的顶点序列，目标函数是严格下降的，所以迭代次数至多为 $O(n^2)$．

4 结束语

本章讨论了平面上点与直线距离意义下的选址问题．其目标函数是线性和的形式．另一类 min-max 形式的目标函数值得进一步研究．如下两个问题将在下一章中讨论：

问题 C 平面上给定 n 个点 $P_1, P_2, \cdots, P_n$，求一直线 L，使 $\max\limits_{1 \leqslant i \leqslant n} w_i d(P_i, L)$ 为最小．

问题 D 平面上给定 n 条直线 $L_1, L_2, \cdots, L_n$，求一点 X，使 $\max\limits_{1 \leqslant i \leqslant n} w_i d(X, L_i)$ 为最小．

参 考 资 料

［1］中科院数学所.回归分析方法,科学出版社, 1975.

［2］马仲蕃等.数学规划讲义,中国人大出版社, 1981.

［3］徐光辉主编. 运筹学基础手册,科学出版社, 1999.

［4］G. L. Nemhauser. Optimization, Handbooks in Operations Research and Management science, Vol. 1, North Holland 1989.

［5］J. Krarup, P. M. Pruzan. Selected families of location problems. Annals of Discrete Math. 5 (1979), 327-387.

［6］R. L. Francis. Locational analysis, European J. Oper. Res. 12(1983) ,220-252.

［7］C. H. Papadimitriou, K. Steiglitz. Combinatorial Optimization：Algorithms and Complexity. Prentice Hall, New Jersey 1982.

平面上的 min-max 型点－线选址问题

第七章

0 引言

传统的选址问题考虑点到点距离意义下的服务点选择(参见综述[2,3]).我们考虑点到直线距离意义下的干线或设施位置选择.在[1]中,我们研究了目标函数为加权距离和的两类平面点－线选址问题(问题 A,B),给出了最优解的刻画,将两个非线性优化问题转化为组合问题,得到迭代次数为多项式的算法.郑州大学数学系的尚松蒲、林诒勋两位教授 2003 年进一步研究目标函数为最大加权距离的两个平面点－线选址问题如下:

问题 C 平面上给定 n 个点 P_1, $P_2,\cdots,P_n$,求一直线 L,使

$$\max_{1 \leqslant i \leqslant n} w_i d(P_i,L)$$

为最小.这里, w_i 表示点 P_i 的权, $d(P_i,L)$ 表示点 P_i 到直线 L 的距离.

问题 D　平面上给定 n 条直线 $L_1, L_2, \cdots, L_n$，求一点 X，使

$$\max_{1 \leq i \leq n} w_i d(X, L_i)$$

为最小. 这里，w_i 表示直线 L_i 的权，$d(X, L_i)$ 表示点 X 到直线 L_i 的距离.

问题 C 是在管网设计及交通道路设计中提出的一个干线选址问题，目的是求一干线，使它到各服务点的加权距离在一个尽可能小的范围内. 问题 D 是它的对偶问题，其实际意义是求一设备位置，使它到若干传输线路（如油、气、水、电等管线）的加权距离在一个尽可能小的范围内.

我们将发现问题 C 和问题 D 有很好的对偶性质：在问题 C 中，对应于一条最优直线，至少存在三个"临界点"；在问题 D 中，对应于一个最优点，至少存在三条"临界直线". 基于这种性质，两个非线性优化问题便转化为组合问题，从而得到迭代次数为多项式的算法.

后面的安排如下：第 1 部分讨论问题 C 的最优性条件及算法，第 2 部分讨论问题 D 的最优性条件及算法，第 3 部分提出进一步研究的问题.

1　最优直线的选择

对平面上任一直线 L，设问题 C 的目标函数为

$$f(L) = \max_{1 \leq i \leq n} w_i d(P_i, L)$$

若

$$f(L^*) = \min_L f(L) = m^*$$

则称 L^* 为最优直线，m^* 为最优值. 若 $w_k d(P_k, L^*) =$

m^*,则称 P_k 为 L^* 对应的临界点. 对于非临界点 P_i, $w_i d(P_i, L^*) < m^*$.

命题 1 若 L^* 为问题 C 的最优直线,则至少存在 3 个位于 L^* 两侧的临界点.

证明 由目标函数 $f(L^*)$ 的定义,必存在一个临界点. 倘若只在 $f(L^*)$ 的一侧有临界点,而在另一侧无临界点,则对于无临界点一侧的点 P_i,有 $w_i d(P_i, L^*) < m^*$. 可将 L^* 向有临界点一侧平移足够小距离至 $\overline{L}$,使

$$f(\overline{L}) = \max_{1 \leqslant i \leqslant n} w_i d(P_i, \overline{L}) < f(L^*)$$
$$= \max_{1 \leqslant i \leqslant n} w_i d(P_i, L^*)$$
$$= m^*$$

与 L^* 的最优性矛盾,故 L^* 两侧均有临界点. 不妨设 P_1, P_2 是 L^* 两侧的两个临界点,若除此外无其他临界点,则

$$w_1 d(P_1, L^*) = w_2 d(P_2, L^*) = m^*$$
$$w_i d(P_i, L^*) < m^* \quad (3 \leqslant i \leqslant n)$$

设 P_1, P_2 的连线 S 交 L^* 于 Q,可绕 Q 将 L^* 向使其与 S 的夹角变小的方向旋转足够小角度至 $\overline{L}$,使

$$f(\overline{L}) = \max_{1 \leqslant i \leqslant n} w_i d(P_i, \overline{L}) < f(L^*)$$
$$= \max_{1 \leqslant i \leqslant n} w_i d(P_i, L^*)$$
$$= m^*$$

与 L^* 的最优性矛盾,故至少还存在一临界点. 命题得证.

设 P_i, P_j 位于直线 $L_{ij,k}$ 的一侧,P_k 位于另一侧,且

$$m_{ij,k} = w_i d(P_i, L_{ij,k})$$
$$= w_j d(P_j, L_{ij,k})$$

$$= w_k d(P_k, L_{ij,k})$$

则称直线 $L_{ij,k}$ 为问题 C 对于 P_i, P_j, P_k 三点的局部最优直线. 注意这里三点不是对称的. 由命题 1 知, 问题 C 的整体最优直线 L^* 一定是对于某三点(不妨设为 P_i, P_j, P_k)的局部最优直线 $L_{ij,k}$, 整体最优值

$$m^* = m_{ij,k} = w_i d(P_i, L_{ij,k}) = w_j d(P_j, L_{ij,k}) = w_k d(P_k, L_{ij,k})$$

下面考虑对应于三点 P_i, P_j, P_k 的局部最优直线, 其中 P_i, P_j 在 $L_{ij,k}$ 的一侧, P_k 在另一侧. 设直线 $L_{ij,k}$ 与线段 P_iP_k 相交于点 M, 与线段 P_jP_k 相交于点 N(图 1).

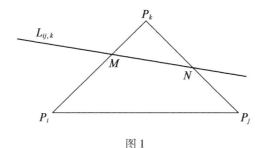

图 1

由

$$w_i d(P_i, L_{ij,k}) = w_j d(P_j, L_{ij,k}) = w_k d(P_k, L_{ij,k})$$

推出

$$w_i d(P_i, M) = w_k d(P_k, M), w_j d(P_j, N) = w_k d(P_k, N)$$

从而

$$M = \frac{w_i P_i + w_k P_k}{w_i + w_k}, N = \frac{w_j P_j + w_k P_k}{w_j + w_k}$$

即 M 是 $\{P_i, P_k\}$ 的重心, N 是 $\{P_j, P_k\}$ 的重心. 这样的连线 MN(即直线 $L_{ij,k}$)称为三角形 $P_iP_jP_k$ 中关于 P_iP_j

的加权中位线. 当 $w_i = w_j$ 时, MN 与 P_iP_j 平行; 当 $w_i \neq w_j$ 时, MN 过直线 P_iP_j 上一点 P, 有

$$P = \frac{w_iP_i - w_jP_j}{w_i - w_j}$$

由此得到如下结论:

命题 2 对应于 P_i, P_j, P_k 的局部最优直线 $L_{ij,k}$ 是三角形 $P_iP_jP_k$ 中关于 P_iP_j 的加权中位线, 且唯一确定.

问题 C 在 $n = 3$ 的情形有三条加权中位线, 对应于三条局部最优直线, 其中最优者即为整体最优直线.

对于一般情形, 我们有如下结论:

命题 3 对于 P_i, P_j, P_k 的局部最优直线 $L_{ij,k}$ 是整体最优直线, 且

$$m_{ij,k} = w_id(P_i, L_{ij,k}) = w_jd(P_j, L_{ij,k}) = w_kd(P_k, L_{ij,k})$$

是整体最优值的必要条件是

$$w_ld(P_l, L_{ij,k}) \leqslant m_{ij,k} \quad (1 \leqslant l \leqslant n)$$

证明 若 $L_{ij,k}$ 为整体最优直线, $m_{ij,k}$ 为整体最优值, 则

$$f(L_{ij,k}) = \max_{1 \leqslant l \leqslant n} w_ld(P_l, L) = m_{ij,k}$$

故

$$w_ld(P_l, L_{ij,k}) \leqslant m_{ij,k} \quad (1 \leqslant l \leqslant n)$$

根据命题 1 及命题 2, 最优直线 L^* 一定是某一局部最优直线, 即某一条加权中位线. 我们检验所有符合命题 3 条件的局部最优直线, 从中可确定最优直线 L^* 与最优值 m^*. 由此得到问题 C 的如下算法:

算法 A

开始时令 $m^* = +\infty$; 对 $i = 1, 2, \cdots, n-1$ 及 $j = i+1, \cdots, n$ 执行如下过程:

90

过程(i,j)

第 0 步 令 $k = 1$.

第 1 步 若 $k \neq i, k \neq j$,则在三角形 $P_i P_j P_k$ 中作关于 $P_i P_j$ 的加权中位线 $L_{ij,k}$,若

$$w_l d(P_l, L_{ij,k}) \leqslant m_{ij,k} \quad (1 \leqslant l \leqslant n)$$

且 $m_{ij,k} < m^*$,则记 $L^* := L_{ij,k}, m^* := m_{ij,k}$;否则转下.

第 2 步 若 $k < n$,令 $k := k+1$,转第 1 步;若 $k = n$,则执行下一个过程 (i,j).

在所有过程 (i,j) 结束时,输出最优直线 L^* 及最优值 m^*.

算法有 $\binom{n}{2}$ 个过程 (i,j),每一过程有 $O(n)$ 步运算,故算法的步数为 $O(n^3)$.

在不加权的情形,得到问题 C 的一种特殊情形,即

问题 C_1 平面上给定 n 个点 $P_1, P_2, \cdots, P_n$,求一直线 L,使

$$\max_{1 \leqslant i \leqslant n} d(P_i, L)$$

为最小.

假设最优直线 L^* 以 P_i, P_j 为同侧二临界点,以 P_k 为另一侧的临界点. 联结 P_i, P_j 得到直线 $P_i P_j$,则最优直线 L^* 与直线 $P_i P_j$ 平行. 过点 P_k 作直线 $P_i P_j$ 的平行线 S,则 $\{P_1, P_2, \cdots, P_n\}$ 的每一点都夹在二平行线 $P_i P_j$ 与 S 之间. 由此得到如下结论:

命题 4 在问题 C_1 中,假设最优直线 L^* 以 P_i, P_j 为同侧二临界点,以 P_k 为另一侧的临界点,则 P_i, P_j 在 $\{P_1, P_2, \cdots, P_n\}$ 凸包的一边上,P_k 为凸包的一顶点,且是到直线 $P_i P_j$ 距离最大的给定点.

由此得到解问题 C_1 的一个算法:

算法 B

第 0 步 作 $\{P_1, P_2, \cdots, P_n\}$ 的凸包 R, 不妨设它是凸多边形 $P_1P_2\cdots P_n$ 围成的区域 (约定 $P_{n+1} = P_1$).

第 1 步 对 $i = 1, 2, \cdots, n$, 取出凸包 R 的边 P_iP_{i+1}, 并求出诸点到它的最大距离

$$D_i = \max_{1 \leqslant k \leqslant n} d(P_k, P_iP_{i+1})$$

设达到此最大值的点为 P_{ki}, 并记三角形 $P_iP_{i+1}P_{ki}$ 为 T_i.

第 2 步 计算最优值

$$m^* = \frac{1}{2} \min_{1 \leqslant i \leqslant n} D_i$$

并对达到此最小值的 D_i, 作三角形 T_i 关于 P_iP_{i+1} 的中位线 L^* 即为所求.

假设第 1 步中的点 – 线距离是已知的, 则计算步数为 $O(n^2)$. 第 2 步的计算步数为 $O(n)$. 因此, 算法 B 的计算步数为 $O(n^2)$.

对于 $n \geqslant 4$ 的情形, 问题 C 的最优直线可能不唯一, 且可能不存在三个给定点 P_i, P_j, P_k, 使整体最优直线对这三个点 (即 $n = 3$ 时) 来说也是整体最优直线. 如图 2, 但是任意三点的整体最优直线均不为 L_1, L_2.

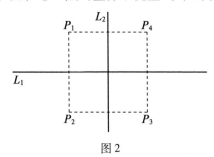

图 2

2　最优点的选择

假设 n 条直线是正常相交的, 即任意两条直线均相交, 且没有三条直线相交于一点.

设问题 D 的目标函数为

$$f(X) = \max_{1 \leqslant i \leqslant n} w_i d(X, L_i)$$

若

$$f(X^*) = \min_X f(X) = m^*$$

则称 X^* 为最优点, m^* 为最优值. 若 $w_k d(X^*, L_k) = m^*$, 则称 L_k 为 X^* 对应的临界直线. 对于非临界直线 L_i, $w_i d(X^*, L_i) < m^*$.

命题 5　设 X^* 是问题 D 的最优点, 则存在三条给定直线为临界直线, 且 X^* 含于三直线所围三角形内域.

证明　由临界直线定义知至少存在一条临界直线, 不妨设 L_1 为临界直线. 若除 L_1 外无其他临界直线, 则

$$w_1 d(X^*, L_1) = m^*$$
$$w_i d(X^*, L_i) < m^* \quad (2 \leqslant i \leqslant n)$$

过 X^* 作 L_1 的垂线, 垂足为 A_1, 则将 X^* 沿垂线向垂足一侧移动足够小距离至 $\overline{X}$, 可使

$$f(\overline{X}) = \max_{1 \leqslant i \leqslant n} w_i d(\overline{X}, L_i) < f(X^*)$$
$$= \max_{1 \leqslant i \leqslant n} w_i d(X^*, L_i)$$
$$= m^*$$

这与 X^* 的最优性矛盾, 故至少还存在一条临界直线. 若只存在两条临界直线 L_1, L_2, 设 L_1, L_2 的交点为 P, 则将 X^* 沿 $X^* P$ 方向移动足够小距离至 $\overline{X}$ 可使

$$f(\overline{X}) = \max_{1 \le i \le n} w_i d(\overline{X}, L_i) < f(X^*)$$
$$= \max_{1 \le i \le n} w_i d(X^*, L_i)$$
$$= m^*$$

这与 X^* 的最优性矛盾,故至少存在三条临界直线. 以下证明 X^* 含于三临界直线所围内域.

对于所有的临界直线 L_l,过 X^* 作 L_l 的垂线,垂足为 A_l. 在所有这样垂线所形成的角 $\angle A_i X^* A_j$ 中,不妨设 $\angle A_1 X^* A_2$ 最大,其对应于两条临界直线 L_1 与 L_2,设 L_1 与 L_2 的交点为 P(图 3). 在 $\angle A_1 X^* A_2$ 的两个邻补角所定角域内,不含有这样的垂足;否则与 $\angle A_1 X^* A_2$ 的最大性矛盾. 若在 $\angle A_1 X^* A_2$ 的对顶角区域内含有这样的垂足,不妨设为 A_3,则 L_1, L_2, L_3 即为符合要求的三条临界直线,命题成立. 否则只可能在 $\angle A_1 X^* A_2$ 的区域内含有这样的垂足. 将 X^* 沿 $X^* P$ 方向移动足够小距离到 $\overline{X}$,可使

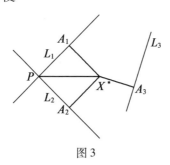

图 3

$$f(\overline{X}) = \max_{1 \le i \le n} w_i d(\overline{X}, L_i) < f(X^*)$$
$$= \max_{1 \le i \le n} w_i d(X^*, L_i)$$
$$= m^*$$

与 X^* 的最优性矛盾. 故命题得证.

若点 X_{ijk} 含于直线 L_i, L_j, L_k 所围内域且

$$m_{ijk} = w_i d(X_{ijk}, L_i) = w_j d(X_{ijk}, L_j) = w_k d(X_{ijk}, L_k)$$

则称 X_{ijk} 为对于 L_i, L_j, L_k 的局部最优点. 由命题 5 知, 问题 D 的整体最优点一定是某一局部最优点. 如何求对于直线 L_i, L_j, L_k 的局部最优点 X_{ijk}, 我们有与前面命题 2 对偶的结果(点换成线, 两点连线换成两线交点等). 当 $w_i = w_j = w_k$ 时, 局部最优点 X_{ijk} 显然是这三条直线所得三角形的内心(内切圆的圆心). 下面来做推广.

过 L_i 与 L_k 的交点 P 作一直线 M, 使 M 中的点到 L_i 的距离 r_i 及其到 L_k 的距离 r_k 满足 $w_i r_i = w_k r_k$(这样的直线 M 可以用几何作图作出). 同理, 过 L_j 与 L_k 的交点 Q 作一直线 N, 使 N 中的点到 L_j 的距离 r_j 及其到 L_k 的距离 r_k 满足 $w_j r_j = w_k r_k$. 这样的直线 M, N 对偶于图 1 中的垂心 M, N, 所以不妨称为"重心直线". 并称它们的交点 X_{ijk}(对偶于图 1 中的点 M, N 的连线 $L_{ij,k}$)为"加权内心"(图 4). X_{ijk} 是 L_i, L_j, L_k 所围内域中唯一满足 $w_i r_i = w_j r_j = w_k r_k$ 的点. 由此得到如下结论:

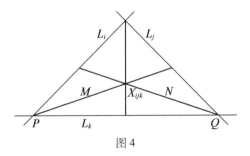

图 4

命题 6　对于 L_i, L_j, L_k 的局部最优点 X_{ijk} 是 $L_i, L_j,$

L_k 围成的三角形的"加权内心",且唯一确定.

命题 7 设 X_{ijk} 是对于直线 L_i, L_j, L_k 的局部最优点, $m_{ijk} = w_i d(X_{ijk}, L_i) = w_j d(X_{ijk}, L_j) = w_k d(X_{ijk}, L_k)$, 则 X_{ijk} 是整体最优点且 m_{ijk} 是整体最优值的充分必要条件是

$$w_l d(X_{ijk}, L_l) \leqslant m_{ijk} \quad (1 \leqslant l \leqslant n)$$

证明 必要性. 若 X_{ijk} 是整体最优点且 m_{ijk} 是整体最优值,则

$$f(X_{ijk}) = \max_{1 \leqslant l \leqslant n} w_l d(X_{ijk}, L_l) = m_{ijk}$$

故 $w_l d(X_{ijk}, L_l) \leqslant m_{ijk} (1 \leqslant l \leqslant n)$.

充分性. 若 $w_l d(X_{ijk}, L_l) \leqslant m_{ijk} (1 \leqslant l \leqslant n)$, 则对任何点 X, 由 X_{ijk} 的局部最优性可得

$$
\begin{aligned}
f(X_{ijk}) &= \max_{1 \leqslant l \leqslant n} w_l d(X_{ijk}, L_l) \\
&= m_{ijk} \\
&= \max\{w_i d(X_{ijk}, L_i), w_j d(X_{ijk}, L_j), w_k d(X_{ijk}, L_k)\} \\
&\leqslant \max\{w_i d(X, L_i), w_j d(X, L_j), w_k d(X, L_k)\} \\
&\leqslant \max_{1 \leqslant l \leqslant n} w_l d(X, L_l) = f(X)
\end{aligned}
$$

故 X_{ijk} 是整体最优点, m_{ijk} 是整体最优值.

命题 8 设 X_{123} 为对于 L_1, L_2, L_3 的局部最优点, 且 $m_{123} = w_1 d(X_{123}, L_1) = w_2 d(X_{123}, L_2) = w_3 d(X_{123}, L_3)$. 若 $w_4 d(X_{123}, L_4) > m_{123}$, 则在 L_1, L_2, L_3 中存在两条直线, 比如 L_2, L_3, 使对于 L_2, L_3, L_4 的局部最优点为 X_{234}, 且 $m_{234} = w_2 d(X_{234}, L_2) = w_3 d(X_{234}, L_3) = w_4 d(X_{234}, L_4) > m_{123}$.

证明 根据命题 7, 对 4 条直线 L_1, L_2, L_3, L_4 而言, X_{123} 不是整体最优点. 而它的整体最优点必然是某三条直线, 比如 L_2, L_3, L_4 的局部最优点 X_{234}. 然而, 对 L_1, L_2, L_3 而言, X_{234} 又不是最优点, 故

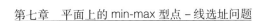

$$m_{234} = \max_{1 \le i \le 4} w_i d(X_{234}, L_i)$$
$$\ge \max_{1 \le i \le 3} w_i d(X_{234}, L_i)$$
$$> \max_{1 \le i \le 3} w_i d(X_{123}, L_i)$$
$$= m_{123}$$

命题 9 设 X_{ijk} 为对于 L_i, L_j, L_k 的局部最优点,有

$$m_{ijk} = w_i d(X_{ijk}, L_i) = w_j d(X_{ijk}, L_j) = w_k d(X_{ijk}, L_k)$$

则 X_{123} 为整体最优点且 m_{123} 为整体最优值的充分必要条件是

$$m_{123} = \max\{m_{ijk} \mid 1 \le i < j < k \le n\}$$

证明 必要性. 设 X_{123} 为整体最优点且 m_{123} 为整体最优值,则对 $1 \le i < j < k \le n$,由 X_{ijk} 的局部最优性知

$$m_{123} = f(X_{123})$$
$$= \max_{1 \le l \le n} w_l d(X_{123}, L_l)$$
$$\ge \max\{w_i d(X_{123}, L_i), w_j d(X_{123}, L_j), w_k d(X_{123}, L_k)\}$$
$$\ge \max\{w_i d(X_{ijk}, L_i), w_j d(X_{ijk}, L_j), w_k d(X_{ijk}, L_k)\}$$
$$= m_{ijk}$$

故

$$m_{123} = \max\{m_{ijk} \mid 1 \le i < j < k \le n\}$$

充分性. 若 X_{123} 不是整体最优点,或 m_{123} 不是整体最优值,根据命题 7,存在 L_t,使 $w_t d(X_{123}, L_t) > m_{123}$. 由命题 8 知 $\max\{m_{12t}, m_{13t}, m_{23t}\} > m_{123}$,与 $m_{123} = \max\{m_{ijk} \mid 1 \le i < j < k \le n\}$ 矛盾.

命题 10 问题 D 的最优点唯一确定.

证明 根据命题 5,可设 $X^* = X_{ijk}, m^* = m_{ijk}$. 根据命题 6,$X_{ijk}$ 唯一确定. 对 $X \ne X_{ijk}$,有

$$f(X) = \max_{1 \le l \le n} w_l d(X, L_l)$$

$$\geq \max \left\{ w_i d(X, L_i), w_j d(X, L_j), w_k d(X, L_k) \right\}$$

$$> \max \left\{ w_i d(X_{ijk}, L_i), w_j d(X_{ijk}, L_j), w_k d(X_{ijk}, L_k) \right\}$$

$$= m_{ijk}$$

$$= m^*$$

故 X 不是最优点.

根据命题 5 ~ 10, 可得解问题 D 的如下算法:

算法 C

第 0 步　选三条给定直线为初始直线.

第 1 步　令 $\overline{X}$ 为这三条直线所围三角形的"加权内心", $\overline{m}$ 为 $\overline{X}$ 到这三条直线的加权距离. 若 $w_l d(\overline{X}, L_l) \leq \overline{m}(1 \leq l \leq n)$, 则令 $X^* := \overline{X}, m^* := \overline{m}$, 输出最优点 X^* 及最优值 m^*, 算法终止.

第 2 步　若存在 $w_l d(\overline{X}, L_l) > \overline{m}$. 设原来三条直线的三个交点中与 X^* 在 L_l 同侧且到 L_l 距离较大的那个交点为 P, 以三条直线中交点为 P 的两条直线与 L_l 一起, 组成新的三条直线, 转第 0 步.

根据命题 8, 算法 C 中 $\overline{m}$ 严格递增, 而 $\overline{m}$ 最多有 $\binom{n}{3}$ 个值, 故算法 C 最多执行 $\binom{n}{3}$ 个循环后满足终止条件. 因此, 算法在最坏情形至多是 $O(n^3)$ 步的. 但在实际计算中. 步数远小于此.

对于不加权的情形, 问题 D 转化为求覆盖圆问题: 在平面上求一个圆, 与 n 条直线均相交(包括相切), 使圆的半径为最小. 则此圆的圆心为最优点, 半径为最优值. 换言之, 找三条直线, 使其内切圆与所有

直线均相交. 在实际计算中,可以从几何直观确定一个
较大的内切圆作为初始圆,然后以离它距离较大的直
线替换原来的一条直线,以得到更大的内切圆,直到找
到覆盖圆为止.

3　结束语

本章和上一章中资料[1]研究了四种形式的平面
点线选址问题 A,B,C,D. 其中问题 A,B 以线性和为
目标,整体最优解可归结为对于其中两个对象的局部
最优解(A 中最优直线是过两个给定点的直线,B 中最
优点是两条给定直线的交点);问题 C,D 以最大最小
为目标,整体最优解可归结为对于其中三个对象的局
部最优解. A 与 B,C 与 D 形成很好的对偶关系,连同
整体最优解与局部最优解的关系,成为这两章的理论
基础. 至于算法的研究,所获得的结果是初步的,算法
的有效性有待于进一步提高.

这类选址问题可以推广到三维空间乃至一般 d 维
空间. 例如,在 d 维空间中给定 n 个点,求一超平面,使
给定点到它的加权距离之和(或加权最大距离)为最
小. 我们还可以对它的距离概念加以推广. 除了考虑欧
氏距离(即 L_2 模距离)之外,还可以考虑 L_1 模距离和
L_∞ 模距离.

同样的问题可以在网络上考虑. 例如,在网络 N
中,给定若干个点,欲求一条干线(路)P,使给定点到
它的加权距离和(或加权最大距离)为最小. 此类问题
有十分明确的实用意义.

99

参 考 资 料

[1]林诒勋,尚松蒲.平面上的点－线选址问题,运筹学学报,2002,6(3),61-68.

[2]J. Krarup, P. M. Pruzan. Selected families of location problems. Annals of Discrete Math. 5(1979), 327-387.

[3]R. L. Francis. Locational analysis, European J. Oper. Res. 12(1983),220-252.

[4]C. H. Papadimitriou, K. Steiglitz. Combinatorial Optimization. Algorithms and Complexity. Prentice Hall, New Jersey,1982.

波兰应用数学中若干结果的概述①

第八章

0 引言

本章是由 1958 年秋我在北京中国科学院数学研究所做的一些报告组成的. 在这些报告中, 我给自己提出的任务是: 指出弗罗茨瓦夫应用数学学派的特点. 这学派由波兰著名数学家 Hugo Steinhaus 所创立, 它是波兰应用数学最大的中心. 我深以自己是 H. Steinhaus 教授的学生与合作者为荣.

H. Steinhaus 教授认为数学是应用科学, 它的目的是各种可能的应用. 数学应用的本质不是作为武器的数学理论, 而是数学所特有的、固有的观察实际的方式. 应用数学中最好的研究方法是数学家与其他专家的集体合作. 但在应用数学方面工作的数学家不应该坐待工程师、经济学家或生物学家带着他们不会解的微分方程走上门来, 而应该走向实际

---

① J. Lukaszewicz. 波兰科学院数学研究所,1958 年 12 月 17 日于北京.

中去迎接他们,在一开始发现问题时就和他们合作. 必须讨论工作的目的、问题的提法和实验的组织,然后还要分析观察的结果. 在这种工作风格下,数学家常在实际工作者不注意的地方,发现数学问题. 在数学家与他们多次讨论中,双方找到了共同的语言,以使彼此能相互了解,当问题有了严格的数学提法时,就可认为它已解决一半.

本章共收集了十四个问题. 我认为,这些问题足已说明我们在弗罗茨瓦夫研究的问题和用的数学方法上的多样性. 除了直接由 H. Steinhaus 所领导的波兰科学院数学研究所生物与农业中的应用讨论班的某些结果外,在本章中还叙述了研究所其他讨论班的两个结果(问题 3 与 5),这两个结果与我们讨论班的工作有紧密关系. 下面是波兰在统计质量控制方面的一些结果.

1 统计估值

在接收一批商品时,古典的统计检查方法在于制订验收方案,这方案由两个整数 n,m 所完全决定,其中 n 是为了检查而随机地选出的商品件数(或样本个数),而 $m(m<n)$ 是样本中坏商品件数所能达到的最大值;对此值来说,全批商品可以接收(如果样本中坏商品个数大于 m,那么全批拒收). 用通常的符号 $m /\!/ n$ 记此方案,数 n,m 应选得使这方案满足下列两条件:

(a)质量为 k_1 的一批商品(一批商品中好商品的频率称为其质量)以概率 β_1 被接收.

(b)质量为 $k_2(k_2<k_1)$ 的一批商品以概率 β_2 被拒收.

通常都取 β_1,β_2 近于 1(例如: $\beta_1=\beta_2=0.95$),因

102

而条件(a)保证卖方的质量为 $k \geqslant k_1$ 的商品几乎常被接收. 而条件(b)则保证买方几乎总可拒收质量为 $k \leqslant k_2$ 的商品. 例如方案 3 // 60 就是根据 $\beta_1 = \beta_2 = 0.95$, $k_1 = 0.9772, k_2 = 0.8708$ 制订的.

上述方法有许多缺点, 因而在实际中常不能应用. 首先, 古典方法在实际中难以叙述, 买方常要求数学家给他一个方案, 使能保证在他所接收的一批商品中(譬如说, 其质量为 $k \leqslant K$)坏商品的频率不大于他所提出的定数(譬如 B);他不了解, 如事先不知道卖方所提出的那批商品质量的先验分布, 这是做不到的. 其次, 在实际中数 $k_1, k_2, \beta_1, \beta_2$ 很难决定. 第三个缺点是: 这方案不依赖于该批商品的件数, 也不依赖一件商品的价值及检查费用. 第四是, 如果说, 在资本主义条件下古典方法还可采用, 那么在社会主义经济条件下, 它就不是常有用的.

这些缺点使得 H. Steinhaus 教授创造统计估值法. 这方法的原则在于根据件数为 n 的样本来计算个体的平均价值

$$\bar{x}_n = \frac{1}{n} \sum_{i=1}^{n} x_i$$

总体的价值 z 则由下式

$$z = N \cdot \bar{x}_n$$

决定, 其中 N 为总体的件数.

不仅当检查一件商品后, 检查结果只能取两个定性的值:好或坏时, 这方法可以应用;而且可应用于个体可取任意数值时, 这些值甚至可以是负的. 例如, 一个坏零件, 使用它后可损坏贵重的机器, 就是如此. 但这里需要假定总体的价值是其中全部个体价值的和.

再者还要假定统计估计法是买方与卖方协商中的主要部分. 因而卖方必须按价格 z 把该批商品卖给买方, 而 z 是由统计估值法所求得的. 这一原则合理, 因为样本是随机选出的, 所以

$$E(z) = w$$

这里 $E(z)$ 表 z 的数学期望(z 显然是随机变数), w 表总体的精确价值.

要完全制订验收计划还要定出样本的个数 n, 它可由经济损失最小原则求出. 由估计总体的真值而引起误差所造成的经济损失为绝对值 $|z - w|$. 须知经济损失既可由卖方所得多于总体的真值($z > w$)而产生, 也可由他所得少于真值($z < w$)而造成. 在两种情形下人们劳动的成果:商品或金钱的来往还没有计算在内. 此外, 关于经济损失还要估计到由于检查而付出的费用;因为检查绝不会增加价值. 设后一损失可表为

$$U + nu$$

其中 U 为不依赖于 n 的固定开支, u 为一件商品的检查费用. 经济损失最小原则是要选定使经济损失达到最小的 n, 但因损失中的第一部分 $|z - w|$ 是随机变数, 故将求出下式之最小值

$$S = E|z - w| + U + nu$$

为了要求出

$$E|z - w| = \frac{N}{n} E|(x_1 - \bar{x}) + (x_2 - \bar{x}) + \cdots + (x_n - \bar{x})|$$

$$(1)$$

其中 $\bar{x}$ 为总体中一件商品的平均值, 必须要知道总体中个别商品价值的分布, 而这等于要了解整批商品, 因而统计检查失去了意义. 但实际上常常发生下述情况,

即预知整体中任一商品的价值都位于某一区间$[a,b]$中,这时可由求极大中的极小方法来解决统计估值问题.

式(1)右方为独立随机变数$(x_i - \bar{x})$ $(i = 1,2,\cdots,n)$的和的期望,且$E(x_i - \bar{x}) = 0$,$\sigma(x_i - \bar{x}) \leqslant \frac{1}{2}(b - a)$,这里$\sigma(x_i - \bar{x})$为$(x_i - \bar{x})$的标准差. 若$n$不很小,则按中心极限定理可认为$\sum_{i=1}^{n}(x_i - \bar{x})$具有正态分布,它的平均值为$0$,标准差不超过$\frac{\sqrt{n}}{2}(b - a)$. 最后注意如$\xi$为遵守正态分布之变数,其平均值为$0$,标准差为$\sigma$,则

$$E|\xi| = \sqrt{\frac{2}{\pi}}\sigma$$

因此得

$$E|z - w| \leqslant \frac{N}{n}\sqrt{\frac{2}{\pi}}\sqrt{\frac{n}{2}}(b - a) = \frac{Nd}{\sqrt{n}\sqrt{2\pi}} \approx 0.4\frac{Nd}{\sqrt{n}}$$

$$(2)$$

其中$\bar{d} = b - a$为一件商品的最大价值与最小价值的差.

如总体中一件商品取最低价值a,一件取最高价值b,则式(2)取等号,因之

$$\max S = 0.4\frac{Nd}{\sqrt{n}} + U + un \qquad (3)$$

这里$\max$对一切集中在区间$[a,b]$(其长为$d = b - a$)的商品价值分布来取. 现在容易求得

$$\min_{n}\max S = 3\left(\frac{Nd}{5}\right)^{2/3}u^{1/3} + U \qquad (4)$$

且达到极小值的 n 为

$$n = \left(\frac{Nd}{5u}\right)^{2/3} \tag{5}$$

因而 H. Steinhaus 向实际工作者推荐公式(5)来决定样本的件数. 根据样本平均值 $\bar{x}_n$ 可估计总体的价值为

$$Z = N \cdot \bar{x}_n \tag{5'}$$

容易验证,常数 U 显然不影响样本件数,并且如不考虑 U,则由估价错误而引起的损失为式(4)右方第一项的三分之二. 因而由估价错误的损失的最大期望值为样本检查费用的两倍.

注意,我们用了中心极限定理,才得到公式(5);由于对有限和(1)用了渐近式. 如 n 相当小则结论可能不正确,因之式(5)不能应用,而用此方法还要其他的更复杂的计算. 如 d 为大于 0 的很小数,则由(5)有时可得 $n > N$,初看起来,这结果没有意义,其实抽样时,抽出的个体可放回到总体中去(这里需要假定检查不损失个体的价值),故同一个体可能被检查几次. 采用此方案可减少理论上的计算,但如(5)所定出的 n 近于或大于 N 时,最好采用其他的抽出后不放回的检查方案.

根据经济损失最小原则,对总体中个体价值分布做不同的假定,可得到其他的方法与公式. 例如:设此分布为正态的,且 $\alpha = E|x - Ex|$,H. Steinhaus 得到类似于(5)的另一公式

$$n = \left(\frac{N\alpha}{2u}\right)^{2/3} \tag{6}$$

如果此分布非正态,仍可设法化为正态情况. 为此不要考虑个别的商品,而以十个或一打(所谓分打法 метод дюжин)商品为单位,并且相应地应用式(6)于

以打为单位的商品(作为独立随机变数的和的一打的价值的公布已接近于正态).

比较公式(5)(6),由于求得(5)时,首先不知价值的分布,故要求出极大中的极小,以预防最坏的分布.而在(6)中则假定了分布的正态性,故(6)的优点是可大大减少样本件数 n.

如已知个体的价值具有正态分布,但 $\alpha = E|x - Ex|$ 未知而应用(6)时,H. Steinhaus 推荐下列贯序方法:先检查 n_0 个商品(n_0 任意),根据经验平均绝对差的公式

$$\alpha_1 = \frac{1}{n_0} \sum_{i=1}^{n_0} |x_i - \bar{x}_{n_0}|$$

以 α_1 代入(6)中的 α,得数 n_1,如 $n_0 < n_1$,则要再检查 $n_1 - n_0$ 个商品.这步骤可重复几次.

2　量水计的最佳验收方法

度量仪器,例如量水计,所指示的数字常常带有两类误差:系统的和随机的.验收方法是要在所提交的一批量水计中,挑选相对系统误差不太大(按绝对值计)的个体来.在这里,我们谈谈波兰关于验收量水计方法的讨论,这个方法是根据波兰度量总局的规则拟定的.根据这个方法,需将每个要检验的量水计测量后所得的值,与一精确的钢制测量仪器所测得的值加以比较,并以

$$m_1 = \frac{\text{量水计所测得值} - \text{精确仪器所测得值}}{\text{精确仪器所测得值}}$$

表示比较的结果,于是有三种可能情况.

如 $|m_1| \leqslant 0.9q$,量水计算是上品.

如 $|m_1| > 1.1q$,量水计算是次品而拒收.

如 $0.9q < |m_1| \leqslant 1.1q$,再如上检查一次,得 m_2,于是

如 $\dfrac{|m_1 + m_2|}{2} \leqslant q$,量水计算是上品.

如 $\dfrac{|m_1 + m_2|}{2} > q$,量水计算是次品而拒收.

这里 q 是经协商后的定数,如果量水计的相对系统误差的绝对值不超过 q,就公认它是上品.

现在来对量水计做一些统计假定. 对于某一确定的量水计,比较后的结果 m 是一正态的随机变量,它的标准差为 σ_1. 这分布的数学期望 x 就是量水计的相对系统误差. 各次检查测量假定是相互独立的. 其次,还要假设受验的总体中,或量水计工厂的全部产品中,个体的相对系统误差遵守正态分布,它的期望为 a,标准差为 σ_0. 这些假设都在弗罗茨瓦夫的量水计工厂检验过,此外还要设参数 a, σ_0, σ_1 已知.

由上述可提出两个理论问题:

1. 利用度量总局的检查方法,全部接收的量水计是上品的概率为若干? 量水计的 x 如满足 $|x| < q$,就算是上品.

2. 该工厂出产的某一量水计被接收的概率为若干?

第一个问题是买方提出的,他希望知道用上述验收方案所选定的量水计的质量如何. 第二个问题则由卖方提出,他熟悉自己的技术条件,并想知道他的产品经验收检查后的结果. 当他知道量水计是上品的概率大小、并知道这概率如何依赖于他的技术参数 a, σ_0,

σ_1 后,他就会受到启发,知道应朝什么方向来改进产品的质量.

我们不准备在这里来研究这些问题(它们已在 J. Obalski 的文献[1], J. Oderfeld 及 S. Zubrzycki 的文献[2]中得到讨论和解决),而立即转来研究一个更有趣味的问题:试求验收量水计的最佳方法.

为了要用数学形式来叙述这个问题,先注意下列定义:如果量水计的相对系统误差的绝对值不超过 q ($|x| \leqslant q$),那么说它是上品,我们商定量水计的质量是连续的,且其自然的数值度量就是 x. 检验方法的质量的度量是被接收的量水计的质量. 后者可用,例如被接收的全体量水计的相对系统误差平方的数学期望来度量. 因此,为了要比较两个检验方法时,譬如说这一方法较好,就是说,这方法保证被验收的量水计的 x^2 的数学期望较小. 容易证明,可以拟定一验收方法,它保证 x^2 的数学期望任意地小. 但这方法会使得测量的次数迅速增加,同时会使大多数受验的量水计遭到拒收. 从经济观点出发,这是毫无意义的,故 S. Zubrzycki[3]在保持下列三个条件下,解决了 H. Steinhaus 提出的寻求最佳验收方法的问题:(1)检验一个量水计所需的试验次数的数学期望应与度量总局的方法相同. (2)量水计被接收的概率也相同. (3)对一个量水计只能度量一次和两次. 由推广度量总局的方法,S. Zubrzycki 找到了最佳的验收方法. 他在第一次检查之后,采用了下列方案:

如 $|m_1| \leqslant \alpha$,接收该量水计.

如 $|m_1| > \beta$，拒收该量水计.

如 $\alpha < |m_1| \leqslant \beta$，进行第二次检验，于是：

如 $\left|\dfrac{m_1 + m_2}{2}\right| \leqslant \gamma$，接收该量水计.

如 $\dfrac{|m_1 + m_2|}{2} > \gamma$，拒收该量水计.

已知 a, σ_0, σ_1, q 时，只需求出参数 α, β, γ 的最佳值，使能保持条件（1）及（2），并且使接收的量水计的相对系统误差平方的数学期望最小.

按照我们的假设可以写出

$$f(x) = \frac{1}{\sigma_0 \sqrt{2\pi}} l^{-\frac{(x-a)^2}{2\sigma_0^2}} \tag{7}$$

$$f_x(m_1) = \frac{1}{\sigma_1 \sqrt{2\pi}} l^{-\frac{1}{2\sigma_1^2}(m_1 - x)^2} \tag{8}$$

$$f_x(m_2) = \frac{1}{\sigma_1 \sqrt{2\pi}} l^{-\frac{1}{2\sigma_1^2}(m_2 - x)^2}$$

$$f_x(m_1, m_2) = f_x(m_1) f_x(m_2) \tag{9}$$

$$f(m_1) = \frac{1}{\sqrt{\sigma_0^2 + \sigma_1^2} \sqrt{2\pi}} l^{-\frac{(m_1 - a)^2}{2(\sigma_0^2 + \sigma_1^2)}} \tag{10}$$

利用恒等式

$$f(x) f_x(m_1) = f(m_1) f_{m_1}(x) \tag{11}$$

求得

$$f_{m_1}(x) = \frac{1}{A \sqrt{2\pi}} l^{-\frac{(x-A)^2}{2A^2}} \tag{12}$$

这里

$$A = \frac{\sigma_0 \sigma_1}{\sqrt{\sigma_0^2 + \sigma_1^2}}, B = \frac{m_1 \sigma_0^2 + a \sigma_1^2}{\sigma_0^2 + \sigma_1^2}$$

再估计到 $m_2 = x + (m_2 - x)$，但 x 与 $m_2 - x$ 独立，得

$$f_{m_1}(m_2) = \frac{1}{A_1\sqrt{2\pi}}l^{-\frac{(m_2-B)}{2A_1^2}} \tag{13}$$

这里

$$A_1 = \sigma_1\sqrt{\frac{2\sigma_0^2+\sigma_1^2}{\sigma_0^2+\sigma_1^2}}$$

再由计算得

$$f_{m_1m_2}(x) = \frac{f(x)f_x(m_1,m_2)}{f(m_1,m_2)}$$

$$= \frac{1}{A\sqrt{2\pi}}l^{-\frac{(x-B_2)^3}{2A_2^2}} \tag{14}$$

其中

$$A_2 = \frac{\sigma_0\sigma_1}{\sqrt{2\sigma_0^2+\sigma_1^2}}$$

$$B_2 = \frac{(m_1+m_2)\sigma_0^2+a\sigma_1^2}{2\sigma_0^2+\sigma_1^2}$$

由公式(12)可见

$$E_{m_1}(x^2) = A^2 + B^2 \tag{15}$$

再从(14)得

$$E_{m_1m_2}(x^2) = A_2^2 + B_2^2 \tag{16}$$

量水计被接收的概率由下式可得

$$P = \iint_L f(m_1,m_2)\,\mathrm{d}m_1\,\mathrm{d}m_2 \tag{17}$$

其中 L 为图 1 中的二维积分区域.

　　量水计要检验两次的概率 P_1 为

$$P_1 = \int_{-\beta}^{-\alpha} f(m_1)\,\mathrm{d}m_1 + \int_{\alpha}^{\beta} f(m_1)\,\mathrm{d}m_1 \tag{18}$$

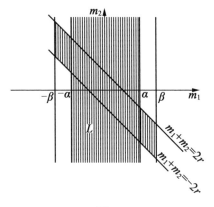

图 1

最后, 被接收的量水计的相对系统误差的平方为

$$E^*(x^2) = \frac{1}{\rho} \iint_L (A_2^2 + B_2^2) f(m_1, m_2) \, dm_1 dm_2$$

(19)

由问题的提法容易看到, 新验收方法中三个参数 α, β, γ 中只有一个, 例如 α, 可以任意, 其余两个由条件(1)及(2)完全决定. 因而, 根据已知 a, σ_0, σ_1, q, 利用上述诸公式可近似地算出 β, γ 及 $E^*(x^2)$, 它们都是未知参数 α 的函数. S. Zubrzycki[3] 算出当 $a = 0, \sigma_0 = 1\%, q = 1.5\%$(这些数字取自弗罗茨瓦夫量水计工厂)时, 结果如表 1:

表 1

α	β	γ	$E^*(x^2)$	$\sqrt{E^*(x^2)}$
1.280%	1.563%	∞	$0.6723 \cdot 10^{-1}$	0.8200%
1.350%	1.650%	1.500	$0.6443 \cdot 10^{-1}$	0.8027%
1.400%	1.713%	1.242	$0.6422 \cdot 10^{-1}$	0.8014%
1.430%	1.752%	1.101	$0.6411 \cdot 10^{-1}$	0.8007%
1.563%	1.929%	0	$0.6723 \cdot 10^{-1}$	0.8200%

112

这里 $\alpha = 1.350\%$ 是度量总局的方法, $\alpha = 1.430\%$ 给出 $E^*(x^2)$ 的极小值,但相差甚小,不值得在这方面改变验收方法. 但还值得注意的是,上表中两端的数 $\alpha = 1.280\%$ 及 1.563% 给出几乎相同的结果. 这两种情形都使方法简化而只需对每一量水计检验一次. 这一简化使结果更经济,因为它减少了观察次数并缩短了检验时间.

参 考 资 料

[1] J. Obalski. O pewnosci wyników sprawdzania narzedzi mierniczych, Zastosowania Matematyki, 1 (1953),105-124.

[2] J. Oderfeld, S. Zubrzycki. O sprawdzanin wodomierzy, Zastosowania Matematyki, 1 (1953), 125-137.

[3] S. Zubrzycki. O optymalnej metodzie odbioru wodomierzy, Zastosowania Matematyki, 2 (1955), 199-209.

3　估计到观察错误的产品质量的验收检查

一批产品的验收检查理论只在最简单的情况下已分析清楚,即当个体的类别只有两种时(个体是上品或次品),但各种验收检查方法都不估计到检查员所可能犯的两种错误(误认上品为次品或次品为上品),有时,这些错误相当严重,这可从 C. W. Kennedy 所描述的试验或从华沙统计与设计高等学校的女大学生 H. Mierzejewska 在量水计工厂所做的试验得到证明. C. W. Kennedy 的试验是:在一批全为上品的总体(其个数未知)添进 100 个次品,然后把这批总体拿去检查,结果检查者只找出了 68 个次品,剩下来的总体请他再检查一次,而不告诉他,这就是他已检查过的且经他认为全是上品的总体. 在第二次分类中,他又找到了 18 个次品. 再让他做第三次检查,又发现了 8 个. 第四次特别组织了人去检查又找到了 4 个次品,但还有 2 个次品未找出来. H. Mierzejewska 所做的一次试验是:有 1 873 个小齿轮,检查者在分类时挑出了 169 个次品后,她又去检查了几次. 第一次她找出了 70 个次品,第二次 24 个,第三次 4 个,第四次 1 个次品. 然后她再一次检查了那些认为是次品的小齿轮,结果发现在第一次所挑出的 70 个中有 2 个是上品,第二次的 24 个中有 1 个也是上品. 这些例子表示,在某些技术条件下,检查者犯错误(第一类及第二类)的概率不会太小,如不注意这点就可能得到本质上错误的结论. 同样的情形不仅在品质检查中,而且也在排版校对,X 光照相底片的阅读以及其他场合碰到. 这里我们谈谈在估计到检查员的错误时的质量控制理论中的一些结果. 它们是 K. Wisniewski 所得到的,我认为很有趣味而且有不少应用.

我们假定,在接收某一个总体时,检查员以概率 $1-p$ 认上品为次品,以概率 $1-q$ 认次品为上品(因而 p 及 q 为得到正确结论的概率:认上品为上品及认次品为次品). 注意,概率 p 及 q 依赖于许多难以细致研究的检查条件(检查员的工作速度,受检查的样本或总体的个数,检查员的疲劳度,总体的次品率),因此,它们甚至在检查一批总体时也会显著地变化.

如已知总体的次品率 w,则容易算出 $p(c\,|\,w,p,$

q),这是从总体中随机地挑出的个体被认为是上品的概率

$$P(c|w,p,q) = (1-w)p + w(1-q)$$

从总体中随机地挑出的个体被认为是次品的概率 $P(E|w,p,q)$ 为 $1-p(c|w,p,q)$,即

$$P(\bar{c}|w,p,q) = 1 - (1-w)P - w(1-q)$$
$$= wq + (1-w)(1-p)$$
$$= w_1$$

后一概率 w_1 为总体的伪次品率,因为运用全面检查时,被认为是次品而拒收的个体的频率就是 w_1.

由全面的验收检查所制订的验收计划常是这样:检查全部总体,坏的个体拒收,好的则接收. 若检查员不犯错误,且如不顾及检查费用,则这种方法是最好的,因为它保证了一切次品的拒收,故经过挑选而接收的总体中,次品为零.

但如检查员可能犯错误,则虽然全部检查,仍不能保证把次品全部挑出,且此外还可能把某些上品错误地抛掉. 这一部分的目的就是仿 K. Wisniewski 而证明:在某些条件下,当检查员不常正确时,抽样检查给出比全面检查更好的结果.

设有个体数为 N,次品率为 w 的总体,进行全面检查后,恰有 k 个个体被认为是次品的概率 $P_k(N,w,p,q)$ 为

$$P_k(N,w,p,q)$$
$$= \sum_{i=0}^{k} \binom{N(1-w)}{i} \binom{Nw}{k-i} p^{N(1-w)-i} (1-p)^i q^{k-i} (1-q)^{Nw-(k-i)}$$

$$(20)$$

其中因子

$$\binom{N(1-w)}{i} p^{N(1-w)-i} (1-p)^i$$

115

为总体中,$N(1-w)$ 个好的个体里,恰有 i 个被认为是次品的概率,而另一因子

$$\binom{Nw}{k-i} q^{k-i} (1-q)^{Nw-(k-i)}$$

为 Nw 个次品中,有 $k-i$ 个被认为是次品的概率. 公式中的求和取自一切可能的 i,即自 0 到 k.

今考虑按验收方案 $m /\!\!/ n$ 的抽样检查. 如检查员不犯错误,则方案 $m /\!\!/ n$ 的特征数由下式计算

$$f(w) = P(z \leqslant m) = \sum_{i=0}^{m} \binom{Nw}{i} \binom{N(1-w)}{n-i} \Big/ \binom{N}{n}$$

如检查员可能犯错误,则方案 $m /\!\!/ n$ 的特征数为

$$\varphi(w) = P(k \leqslant m)$$
$$= \sum_{j=0}^{m} \sum_{i=0}^{n} \binom{Nw}{i} \binom{N(1-w)}{n-i} P_i\left(n, \frac{i}{n}, p, q\right) \Big/ \binom{N}{n}$$

$$(21)$$

其中 $\binom{Nw}{i} \binom{N(1-w)}{n-i} \Big/ \binom{N}{n}$ 为下面事件的概率:自个数为 N,次品率为 w 的总体中,抽选个数为 n 的样本,此样本中恰含 i 个次品. 而 $P_i\left(n, \dfrac{i}{n}, p, q\right)$ 是检查员检查此样本后,其中恰有 j 件被认为是次品的概率,它由 (20) 表达.

如 $k \leqslant m$,则应用抽样检查法时,总体全被接收. 这等于把未列入样本的一切个体划为上品. 如 $k > m$,则总体被拒收,这等于承认全体未经检查的个体都是次品. 我们现在来比较全面检查法和抽样检查法中,被错误地分类的个体件数的数学期望. 在全面检查法中,被错误地分类的个体件数的数学期望 R_1 显然为

$$R_1 = N(1 - (1-w)p - wq) \tag{22}$$

116

如采用验收方案,则在样本中被错误地分类的个体件数的数学期望为 τ_1,有

$$\tau_1 = n(1 - (1 - w)p - wq) \qquad (23)$$

如果根据抽出来的样本,总体被拒收,那么其他的一切个体都算是次品. 因为总体被拒收的概率为 $1 - \varphi(w)$,故未经检查的个体中,原是上品而被认作次品的件数的数学期望为

$$\tau_2 = (N - n)(1 - w)(1 - \varphi(w)) \qquad (24)$$

同样,根据验收方案 $m /\!/ n$,当总体被接收时,未经检查的个体中,原为次品而被认为是上品的件数的数学期望为

$$\tau_3 = (N - n)w\varphi(w) \qquad (25)$$

把 τ_1,τ_2,τ_3 加起来,就得抽样方法中被错误地分类的个体件数的数学期望 R_2,有

$$
\begin{aligned}
R_2 &= n[1 - (1 - w)p - wq] + (N - n)(1 - w)(1 - \\
&\quad \varphi(w)) + (N - n)w\varphi(w) \\
&= n[1 - (1 - w)p - wq] + (N - n)[1 - w - (1 - \\
&\quad 2w)\varphi(w)] \qquad (26)
\end{aligned}
$$

比较公式(22)与(26),可见当下不等式满足时,抽样方法就优于全面检查($R_2 \leqslant R_1$),有

$$(1 - 2w)\varphi(w) \geqslant p(1 - w) - w(1 - q) \qquad (27)$$

因为 $\varphi(w) \geqslant 0$,所以如上面的不等式的右方取负值时,式(27)成立. 为此只要当 $1 - 2w > 0$ 时,有

$$\frac{p}{1 + p - q} < w < \frac{1}{2},即 \frac{p}{1 + p - q} < \frac{1}{2}$$

如 $1 - 2w < 0$ 时,由于 $\varphi(w) \leqslant 1$,得

$$\frac{1}{2} < w < \frac{1 - p}{1 + q - p},即 \frac{1 - p}{1 + q - p} > \frac{1}{2} \qquad (28)$$

(28)中两不等式表示,在某些情况下,抽样方法优于

对总体的全面检查. 这结果有很大的实际意义. 首先, 运用抽样检查, 可以节省许多经费, 因为抽样方法几乎总是比全面检查便宜, 其次, 不检查总体而只检查样本, 在许多情况下可以做得更好, 因而缩小错误概率 $1-p$ 及 $1-q$.

K. Wisniewski 还考虑了其他的验收方案, 如采用方案 $m /\!/ n$, 但此时条件为, 当在样本中找出多于 m 个次品时, 不是拒收总体, 而是再进行全面检查. 当总体的次品率满足不等式

$$w \leqslant \frac{1-p}{1-p+q}$$

时, 新方案优于全面检查.

参 考 资 料

[1] J. Oderfeld, K. Wisniewski. Odbiór statystycrny z uwrglednieniem biedów kontrolera, Zastosowanta Matematyki, Ⅱ(1955), 312-327.

[2] C. W. Kennedy. An unconventional approach to statistical quality control, The Machinist, 20(1950).

4　两个生产过程的比较与对偶性原则

这部分内容主要的根据是 H. Steinhaus 及 S. Zubrzycki 的文章. 这个问题的出发点是关于两个连续生产过程损耗度的比较. 连续生产过程的例子可举自动机生产人造丝带. 为了要得到比较两个生产过程的例子, 可设想两根丝带并排地以同一速度移动. 在观察它们时, 需要检查下列假定: 带 Ⅱ 的损耗度超过带 Ⅰ 的损耗度 2 倍, 如果在带 Ⅱ 及带 Ⅰ 上分别发现了 m 及

n 个缺陷. 这里所谓缺陷是指斑点或小洞. 此外还要假设每根丝带上缺陷的位置构成泊松(Poisson)流即最简单流①,其强度分别为 c_I 及 c_{II},且两丝带上的缺陷流是彼此独立的.

我们要研究两种不同的概型. 其一是,继续观察丝带,直到缺陷的总数 $m+n$ 达到预定数 N 时为止,我们称这种概型为古典的. 第二种概型称为贯序的,它不同于前者的是,观察继续到带 I 上的缺陷数达到预定数 n 时为止.

分别以随机变数 μ 及 v 表带 II 及 I 上被观察到的缺陷个数,问题化为要计算概率

$$P(c_{II} > \alpha c_I \mid \mu = m, v = n) \qquad (29)$$

(如果观察是贯序式的);或

$$P(c_{II} > \alpha c_I \mid \mu = m, \mu + v = N) \qquad (30)$$

(如果观察是古典式的).

众所周知,概率(29)及(30)不是唯一决定的. H. Steinhaus[4~6]预先指出了这些困难而试图解释似然观念(понятия правдоподобия)或所谓可信论(фидуциальный аргумент)的作用. 在这方面有 K. Sarkadi[3] 及 J. Oderfeld[1] 的文章,后者最先发现了一些法则,他称为对偶法则. 我们先研究一个泊松流,借以说明整个问题. 这例子取自 K. Sarkadi[3].

观察一个泊松流,试求此流的强度 c 小于 α 的概率,如果在单位时间内找到了 k 个缺陷. 若不知 c 的先验分布,这概率是不能算出的. 但通常运用可信论而解决另一问题,即求出可以计算的概率 $P(k > K \mid c =$

---

① 参阅 Хинчин《公用事业中的数学方法》,有汉译本.

α)——已知流的强度 $c = \alpha$，在单位时间内，观察到的缺陷个数 k 大于数 K 的概率. 这一概率称为在已知 $k = K$ 时，$c < \alpha$ 的似然 $W(c < \alpha \mid k = K)$. 因而这里似然的定义是

$$W(c < \alpha \mid k = K) = P(k > K \mid c = \alpha) \qquad (31)$$

但若假定存在某一先验分布，譬如采用贝叶斯假设，即强度的一切可能值都等概率，则仍可计算不等式 $c < \alpha$ 的概率. 上述假定的意义将在下面的计算中仔细说明. 按贝叶斯假设所计算的概率以

$$P_{HB}(c < \alpha \mid k = K)$$

表示. 为算此概率先假定 c 的先验分布为在区间 $(0, L)$ 中是均匀的. 则按贝叶斯公式得

$$P_{HB}^{(L)}(c < \alpha \mid k = K) = \frac{\int_0^\alpha P_L(\alpha) P(k = K \mid c = \alpha) \mathrm{d}\alpha}{\int_0^L P_L(\alpha) P(k = K \mid c = \alpha) \mathrm{d}\alpha}$$

$$= \frac{\int_0^\alpha \frac{1}{L} \mathrm{e}^{-\alpha} \frac{\alpha^K}{K!} \mathrm{d}\alpha}{\int_0^L \frac{1}{L} \mathrm{e}^{-\alpha} \frac{\alpha^K}{K!} \mathrm{d}\alpha}$$

$$= \frac{1 - \mathrm{e}^{-\alpha}(1 + \alpha + \cdots + \alpha^K / K!)}{1 - \mathrm{e}^{-L}(1 + L + \cdots + L^K / K!)}$$

然后定义

$$P_{HB}(c < \alpha \mid k = K) = \lim_{L \to \infty} P_{HB}^{(L)}(c < \alpha \mid k = K)$$

上式可作为贝叶斯假设的准确意义，于是得

$$P_{HB}(c < \alpha \mid k = K) = 1 - \mathrm{e}^{-\alpha}\left(1 + \alpha + \cdots + \frac{\alpha^K}{K!}\right) \quad (32)$$

但（32）的右方也是似然（31）的值，因而得等式

$$W(c < \alpha \,|\, k = K) = P_{HB}(c < \alpha \,|\, k = K) \qquad (33)$$

此式表达了关于泊松流的对偶法则.

现在转来研究如何比较两个生产过程. 这问题易化为抽球问题. 如带 I 单位长度内的缺陷数期望值为 c_{I}, 带 II 为 c_{II}, 则某一确定的缺陷 (譬如在时间 t_0 后第一个被察觉的缺陷) 为缺陷 I (即属于带 I) 的概率为 $c_{\mathrm{I}}/(c_{\mathrm{I}} + c_{\mathrm{II}})$, 为缺陷 II (即属于带 II) 的概率是 $c_{\mathrm{II}}/(c_{\mathrm{I}} + c_{\mathrm{II}})$. 于是登记两条并列丝带上缺陷的程序可化以按序地从某一箱中抽球的程序, 抽 $c_{\mathrm{I}} + c_{\mathrm{II}}$. 于是登记两条并列丝带上缺陷的程序可化以按序地从某一箱中抽球的程序, 抽得白球 (缺陷 I) 的概率为 $p = \dfrac{c_{\mathrm{I}}}{c_{\mathrm{I}} + c_{\mathrm{II}}}$, 得黑球 (缺陷 II) 的概率为 $q = \dfrac{c_{\mathrm{II}}}{c_{\mathrm{I}} + c_{\mathrm{II}}}$.

但抽球问题与质量统计检查中的主要问题, 即估计总体中的次品率是属于同一类型的. 如果认黑球为次品, 那么问题化为要估计概率 q. 又我们原来要研究的关系式 $\dfrac{c_{\mathrm{II}}}{c_{\mathrm{I}}} = \dfrac{q}{1 - q} = \tau$ (即要检查假定 $\tau > \alpha$), 但因 τ 及 q 间有关系 $\tau = \dfrac{q}{1 - q}$, 故可把此问题化为上问题, 反之亦然.

现在采取假设 $HB1$ 来计算概率 (29), 即假定二强度的先验分布满足下列条件: $\dfrac{c_{\mathrm{II}}}{c_{\mathrm{I}}}$ 之一切可能值等概率. 因为整个概型不依赖于丝带长度量度单位的选择, 所以不失普遍性, 可令 $c_{\mathrm{I}} = 1$ (一单位长度等于带 I_1 上相邻二缺陷间距离的平均值). 因而假设 $HB1$ 保证强度 c_{II} 的一切可能值等概率 (准确意义见公式 (32) 的证明), 且条件 $c_{\mathrm{II}} > \alpha c_{\mathrm{I}}$ 化为 $c_{\mathrm{II}} > \alpha$. 先注意

$$P(\mu = m \mid c_{\mathrm{II}} = \alpha, v = n) = \binom{n + m - 1}{m}\left(\frac{\alpha}{1 + \alpha}\right)^{m}\left(\frac{1}{1 + \alpha}\right)^{n}$$

（34）

这式可如下得到：在抽球问题中 $P(\mu = m \mid c = \alpha, v = n)$ 是在前 $n + m - 1$ 个抽出的球中，有 $n - 1$ 个白球及 m 个黑球而第 $n + m$ 个球是白球的概率（因在贯序概型中，观察是在发现带 I 上第 n 个缺陷时结束的）. 抽得白球与黑球的概率分别为 $p = \dfrac{1}{1 + \alpha}, q = \dfrac{\alpha}{1 + \alpha}$（因 $c_{\mathrm{I}} = 1, c_{\mathrm{II}} = \alpha$）. 按贝叶斯公式得

$$P_{HB1}^{(L)}(c_{\mathrm{II}} > \alpha \mid \mu = m, v = n)$$

$$= \frac{\displaystyle\int_{\alpha}^{L} P_{L}(\alpha) P(\mu = m \mid c = \alpha, v = n)\,\mathrm{d}\alpha}{\displaystyle\int_{0}^{L} P_{L}(\alpha) P(\mu = m \mid c = \alpha, v = n)\,\mathrm{d}\alpha}$$

$$= \frac{\displaystyle\int_{\alpha}^{L} \frac{1}{L}\binom{n + m - 1}{m}\left(\frac{\alpha}{1 + \alpha}\right)^{m}\left(\frac{1}{1 + \alpha}\right)^{n}\mathrm{d}\alpha}{\displaystyle\int_{0}^{L} \frac{1}{L}\binom{n + m - 1}{m}\left(\frac{\alpha}{1 + \alpha}\right)^{m}\left(\frac{1}{1 + \alpha}\right)^{n}\mathrm{d}\alpha}$$

$$= \frac{\displaystyle\int_{\alpha}^{L} \left(\frac{\alpha}{1 + \alpha}\right)^{m}\left(\frac{1}{1 + \alpha}\right)^{n}\mathrm{d}\alpha}{\displaystyle\int_{0}^{L} \left(\frac{\alpha}{1 + \alpha}\right)^{m}\left(\frac{1}{1 + \alpha}\right)^{n}\mathrm{d}\alpha}$$

令 $L \to \infty$ 得

$$P_{HB1}(c_{\mathrm{II}} > \alpha \mid \mu = m, v = n)$$

$$= \frac{\displaystyle\int_{\alpha}^{\infty} \left(\frac{\alpha}{1 + \alpha}\right)^{m}\left(\frac{1}{1 + \alpha}\right)^{n}\mathrm{d}\alpha}{\displaystyle\int_{0}^{\infty} \left(\frac{\alpha}{1 + \alpha}\right)^{m}\left(\frac{1}{1 + \alpha}\right)^{n}\mathrm{d}\alpha}$$

（35）

这里需要指出，只是当 $n \geqslant 2$ 时，上面取的极限才是合

法的,否则积分不收敛而对一切 α,概率 $P_{HB1}^{(L)}$ 都趋近于 1. 式(35)积分后得

$$P_{HB1}(c_{\mathrm{II}} > \alpha c_{\mathrm{I}} \mid \mu = m, v = n)$$

$$= \frac{1}{(1+\alpha)^{n-1}} \sum_{k=0}^{m} \binom{n+k-2}{k} \left(\frac{\alpha}{1+\alpha}\right)^k \tag{36}$$

如仿 Pearson 引进记号

$$I_x(a,b) = \frac{\int_0^x \beta^{\alpha-1}(1-\beta)^{b-i}\mathrm{d}\beta}{\int_0^1 \beta^{\alpha-1}(1-\beta)^{b-1}\mathrm{d}\beta}$$

$$= \frac{1}{\beta(a,b)} \int_0^x \beta^{a-1}(1-\beta)^{b-1}\mathrm{d}\beta$$

则化为更便于实际计算的形式

$$P_{HB1}(c_{\mathrm{II}} < ac_{\mathrm{I}} \mid \mu = m, v = n) \tag{36'}$$

$$= 1 - I_{\frac{\alpha}{1+\alpha}}(m+1, n-1)$$

因此要求 P_{HB1} 只要查不完全 Beta 函数表. 在公式(36)及(36′)中已不用假定 $c_{\mathrm{I}} = 1$. 但在实际的实量统计检查中,到处都采用可信论,公式(36)或(36′)不被实际运用. 但如能像 K. Sarkadi 对一个流所做的那样,也能证明对偶法则的存在,则情况就两种. 为此,首先要说明如何理解不等式 $c_{\mathrm{II}} > \alpha c_{\mathrm{I}}$ 在条件 $\mu = m, v = n$ 下的似然. 利用公式(34)得

$$P(\mu \leqslant m \mid c_{\mathrm{II}} = \alpha c_{\mathrm{I}}, v = n-1)$$

$$= \frac{1}{(1+\alpha)^{n-1}} \sum_{k=0}^{m} \binom{n+k-2}{k} \left(\frac{\alpha}{1+\alpha}\right)^k$$

将此与(36)比较求得对偶性

$$W(c_{\mathrm{II}} > \alpha c_{\mathrm{I}} \mid \mu = m, v = n)$$

$$= P_{HB1}(c_{\mathrm{II}} > \alpha c_{\mathrm{I}}, \mu = m, v = n) \tag{37}$$

如果取似然的定义为

$$W(c_{II} > \alpha c_{I} | \mu = m, v = n) \qquad (38)$$
$$= P(\mu \leqslant m | c_{II} = \alpha c_{I}, v = n - 1)$$

上面已指出两个泊松流的比较可化为抽球问题,其中 $p = q$(白球概率:黑球概率)等于 $c_{I} : c_{II}$. 因此 (36) 与 (37) 也可用来研究总体的次品率. 只要引入 $W = q = \dfrac{c_{II}}{c_{I} + c_{II}}$ 及 $c_{II} : c_{I} = q : p = \dfrac{w}{1-w}$ 并把缺陷 I 看作上品,缺陷 II 看作次品. 于是得下面定理:

如果对总体的检查进行到发现第 n 个上品时为止,这里 n 是一预先确定的数,且如 m 是找出的次品件数,那么不等式 $W > \beta$ 的 $HB1$ 概率由下式计算

$$P_{HB1}(W > \beta | \mu = m, v = n)$$
$$= W(w > \beta | \mu = n, v = n) \qquad (39)$$
$$= (1 - \beta)^{n-1} \sum_{k=0}^{m} \binom{n+k-2}{k} \beta^{k}$$

要注意的是 (39) 中的概率 P_{HB1} 对应于 $\tau = \dfrac{w}{1-w}$ 的均匀先验分布. 但容易证明不存在次品率 w 的对应于假定 $HB1$ 的分布. 因为假定 $HB1$ 是假定 $HB1^{(L)}$ 的极限形式,所以先求出对应于假定 $HB1^{(L)}$ 的分布

$$P_{L}(w < \beta) = \begin{cases} 0, \beta \leqslant 0 \\ \dfrac{1}{L} \cdot \dfrac{\beta}{1-\beta}, 0 \leqslant \beta < \dfrac{1}{1+L} \\ 1, \beta \geqslant \dfrac{L}{1+L} \end{cases} \qquad (40)$$

但当 $L \to \infty$ 时,分布 (40) 退化,即 $w = 1$ 的概率为 1.

我们已解决的总体次品率的估计问题可重新在古典型(不用贯序型)的前提下重新考虑,此时样本的件数是预定的. 这问题的对偶法则由 J. Oderfeld[1] 找到.

设在件数为 N 的样本中有 m 件次品,定义在此条件下次品率 w 大于 β 的似然为下事件的概率:从次品率为 β 的总体中,抽出件数为 $N+1$ 的样本,其中次品件数不多于 m. 换言之

$$W(w > \beta | \mu = m, \mu + v = N) \tag{41}$$
$$= P(\mu \leqslant m | w = \beta, \mu + v = N+1)$$

J. Oderfeld 求得

$$P_{HB2}(w > \beta | \mu = m, \mu + v = N)$$
$$= \sum_{k=0}^{m} \binom{N+1}{k} \beta^k (1-\beta)^{N-k+1} \tag{42}$$

由定义(41)有

$$P_{HB2}(w > \beta | \mu = m, \mu + v = N) \tag{43}$$
$$= W(w > \beta | \mu = m, \mu + v = N)$$

这里 $HB2$ 表示次品率 w 在区间(0,1)中有均匀先验分布,这是 J. Oderfeld 在其对偶法则中所假设的.

引进不完全 Beta 函数,则(42)可化为更便于计算的形式

$$P_{HB2}(w > \beta | \mu = m, \mu + v = N) \tag{44}$$
$$= 1 - I_\beta(m+1, N-m+1)$$

现在利用 J. Oderfeld 的结果来比较两生产过程,这时观察是古典型的,即观察继续到发现两根丝带上的缺陷总数达到一预定数 N 时为止,为此在(41)(42)(43)及(44)中要以 $\dfrac{c_{\mathrm{II}}}{c_{\mathrm{I}} + c_{\mathrm{II}}}$ 代 w,以 $\dfrac{\alpha}{1+\alpha}$ 代 β,以 $c_{\mathrm{II}} > \alpha c_{\mathrm{I}}$ 代 $w > \beta$,并把 μ 及 v 解释为带 I 及带 II 的缺陷数,于是得到比较两个泊松流的公式. 作为似然的定义我们令

$$W(c_{\mathrm{II}} > \alpha c_{\mathrm{I}} \mid \mu = m, \mu + v = N) \tag{45}$$
$$= P(\mu \leqslant m \mid c_{\mathrm{II}} = \alpha c_{\mathrm{I}}, \mu + v = N + 1)$$

则对偶法则取形式

$$W(c_{\mathrm{II}} > \alpha c_{\mathrm{I}} \mid \mu = m, \mu + v = N) \tag{46}$$
$$= P_{HB2}(c_{\mathrm{II}} > \alpha c_{\mathrm{I}} \mid \mu = m, \mu + v = N)$$

其中

$$P_{HB2}(c_{\mathrm{II}} > \alpha c_{\mathrm{I}} \mid \mu = m, \mu + v = N)$$

$$= \sum_{k=0}^{m} \binom{n+1}{k} \left(\frac{\alpha}{1+\alpha}\right)^{k} \left(\frac{1}{1+\alpha}\right)^{n-k+1} \tag{47}$$

$$= 1 - I_{\frac{\alpha}{1+\alpha}}(m+1, N-m+1)$$

这里 $HB2$ 表示 $\dfrac{c_{\mathrm{II}}}{c_{\mathrm{I}}+c_{\mathrm{II}}}$ 的先验分布在区间 $(0,1)$ 中是均匀的,亦即 $c_{\mathrm{II}}/c_{\mathrm{I}} = c$ 的先验分布为

$$P(c < \alpha) = \frac{\alpha}{1+\alpha} \quad (0 < \alpha < \infty) \tag{48}$$

注意,倒数 c^{-1} 即分数 $c_{\mathrm{I}}/c_{\mathrm{II}}$ 有同样的先验分布,这是下列命题的推论:如次品率 w 有均匀分布,则 $1-w$ 的分布也是均匀的.

至今我们讲了两种不同的对偶法则. 其一表为公式(39),它对应于贯序型. 在此式中,概率 P_{HB1} 及似然 W 均对应于贯序型,即抽样进行到发现第 n 个上品为止. 另一由公式(46)表示,它是古典(或古典 – 古典的)的法则,因为这时不论概率 P_{HB2} 或似然都是对古典型的观察计算的,即观察的总次数为定数. 但还可以找到其他一些混合型的对偶法则:贯序 – 古典的及古典 – 贯序的. 例如由公式(35)出发,积分后得

$$P_{HB1}(w > \beta \mid \mu = m, v = n)$$

$$= \frac{\int_{\beta}^{1} \beta^m (1 - \beta)^{n-2} \mathrm{d}\beta}{\int_{0}^{1} \beta^m (1 - \beta)^{n-2} \mathrm{d}\beta} \tag{49}$$

$$= \sum_{k=0}^{m} \binom{m + n - 1}{k} \beta^k (1 - \beta)^{n+m-1-k}$$

但后一数可读为下列事件的概率:从次品率为 β 的总体中抽取个数为 $n + m - 1$ 的样本,后者所含次品数不多于 m. 因此,可把公式(49)视为贯序 - 古典对偶法则的形式

$$P_{HB2}(w > \beta \mid \mu = m, v = n) \tag{50}$$

$$= P(\mu \leqslant m \mid w = \beta, \mu + v = m + n - 1)$$

这名称的来源是由于 P_{HB2} 是按贯序型的观察所算得的概率,而似然(式(50)的右方需了解为不等式 $w > \beta$ 的似然)是按古典型的观察所定义的. 像以前一样,这里 $HB1$ 仍然表示 $\dfrac{w}{1 - w}$ 有均匀的先验分布. 利用这假定,还可以得到两条对偶法则. 为此,先注意下列事实:当 $\dfrac{w}{1 - w}$ 有均匀先验分布时,在按贯序型观察 $(v = n)$ 及 $\mu = m$ 的条件下,次品率 w 的后验分布与在按古典型观察 $\mu + v = N$,观察结果为 $\mu = m, v = n(m + n = N)$ 的条件下,次品率 w 的后验分布一样. 这事实可写成下式

$$P_{HB1}(w > \beta \mid \mu = m, v = n) \tag{51}$$

$$= P_{HB1}(w > \beta \mid \mu = m, \mu + v = m + n)$$

因式中第一个概率由(49)定出,故要证明此式,只要证第二个概率也由同一式决定. 为此先取假定

$HB1^{(L)}$：w 的先验分布为（40）. 由贝叶斯公式有

$$P_{HB1}^{(L)}(w > \beta | \mu = m, \mu + v = m + n)$$

$$= \frac{\displaystyle\int_{\beta}^{L/1+L} P_L(B) P(\mu = m | w = \beta, \mu + v = m + n) \mathrm{d}\beta}{\displaystyle\int_0^{L/1+L} P_L(\beta) P(\mu = m | w = \beta, \mu + v = m + n) \mathrm{d}\beta}$$

$$= \frac{\displaystyle\int_{\beta}^{L/1+L} \frac{1}{L} \frac{1}{(1-\beta)^2} \binom{m+n}{m} \beta^m (1-\beta)^n \mathrm{d}\beta}{\displaystyle\int_0^{L/1+L} \frac{1}{L} \frac{1}{(1-\beta)^2} \binom{m+n}{m} \beta^m (1-\beta)^n \mathrm{d}\beta}$$

$$= \frac{\displaystyle\int_{\beta}^{L/1+L} \beta^m (1-\beta)^{n-2} \mathrm{d}\beta}{\displaystyle\int_0^{L/1+L} \beta^m (1-\beta)^{n-2} \mathrm{d}\beta}$$

令 $L \to \infty$（当 $n \geq 2$ 时）得

$$P_{HB1}(w > \beta | \mu = m, \mu + v = m + n)$$

$$= \frac{\displaystyle\int_{\beta}^{1} \beta^m (1-\beta)^{n-2} \mathrm{d}\beta}{\displaystyle\int_0^{1} \beta^m (1-\beta)^{n-2} \mathrm{d}\beta}$$

由（49）得证（51）.

由（51）（39）及（50）得二新对偶法则, 即古典 – 贯序的

$$P_{HB1}(w > \beta | \mu = m, \mu + v = m + n) \tag{52}$$

$$= P(\mu \leq m | w = \beta, v = n - 1)$$

及古典 – 古典的

$$P_{HB2}(w > \beta | \mu = m, \mu + v = m + n) \tag{53}$$

$$= P(\mu \leq m | w = \beta, \mu + v = m + n - 1)$$

现在来研究对偶法则（43）, 它是在假定 $HB2$ 下, 即假定次品率 w 在（0，1）中有均匀先验分布时得到

128

的. 我们不进行全部计算只是指出,在这种情况下,H. Steinhaus 及 S. Zubrzycki 也得到了其他一些对偶法则即古典 – 贯序的(法则(43)为古典 – 古典的)

$$P_{HB2}(w > \beta | \mu = m, \mu + v = N) \tag{54}$$
$$= P(\mu \leqslant m | w = \beta, v = N - m + 1)$$

贯序 – 古典的

$$P_{HB2}(w > \beta | \mu = m, v = n) \tag{55}$$
$$= P(\mu \leqslant m | w = \beta, \mu + v = m + n + 1)$$

及贯序 – 贯序的

$$P_{HB2}(w > \beta | \mu = m, v = n) \tag{56}$$
$$= P(\mu \leqslant m | w = \beta, v = n + 1)$$

值得注意的是,由于采取了假定 $HB1$,即假定 $\dfrac{w}{1-w}$ 有均匀先验分布,我们得到对偶法则(39)(50)(52)及(53),其右方是 $\mu \leqslant m$ 的条件概率,但条件里总是样本中上品的个数 v 比观察次数 n 小 1. 采取另一假定 $HB2$,即假定次品率 w 在(0,1)中有均匀先验分布,则得对偶法则(43)(54)(55)及(56),其右方是 $\mu \leqslant m$ 的条件概率,但条件里总是样本中上品的个数 v 比观察次数 n 大 1. 但实际上这里所说的对偶法则与可信论的方法无关,因为实际中常取不等式 $w > \beta$ 的似然的概率. 如 n 相当大,则因只相差 1,而可忽略此差别. 但可能 n 相当小,此对 H. Steinhaus 及 S. Zubrzycki 提出了下列问题:试求假定 $HB3$,使当此条件成立时,即满足等式

$$P_{HB3}(w > \beta | \mu = m, \mu + v = N) \tag{57}$$
$$= P(\mu \leqslant m | w = \beta, \mu + v = N)$$

（它表达新的古典－古典对偶法则）也使其他的法则：
古典－贯序的

$$P_{HB3}(w > \beta \mid \mu = m, \mu + v = N) \qquad (58)$$

$$= P(\mu \leqslant m \mid w = \beta, v = n)$$

贯序－古典的

$$P_{HB3}(w > \beta \mid \mu = m, \mu + v = N) \qquad (59)$$

$$= P(\mu \leqslant m \mid w = \beta, \mu + v = N)$$

及贯序－贯序的

$$P_{HB3}(w > \beta \mid \mu = m, v = n) \qquad (60)$$

$$= P(\mu \leqslant m \mid w = \beta, v = n)$$

法则都成立.

解决此问题时, H. Steinhaus 及 S. Zubrzycki 证明了, 如把 $\log \dfrac{1}{1-w}$ 有均匀先验分布（这不对应于次品率的任何分布）当作假定 $HB3$, 则等式（57）（58）（59）及（60）都成立. 这里只证明公式（57）. 以 $HB3^{(L)}$ 表 $\log \dfrac{1}{1-w}$ 在 $(0,1)$ 中有均匀先验分布的假定, 即令

$$P\left(\log \frac{1}{1-w} < \alpha \right) = \frac{\alpha}{L} \qquad (0 \leqslant \alpha \leqslant L)$$

这等于假定次品率 w 有下列先验分布

$$P(w < \beta) = \frac{1}{L} \log \frac{1}{1-\beta} \qquad (0 < \beta < 1 - e^{-L})$$

其密度为

$$P_L(\beta) = \frac{1}{L} \frac{1}{1-\beta} \qquad (0 < \beta < 1 - e^{-L})$$

运用贝叶斯公式得

$$P_{HB3}^{(L)}(w > \beta \mid \mu = m, \mu + v = N)$$

$$= \frac{\int_{\beta}^{1-e^{-L}} P_L(\beta) P(\mu = m \mid w = \beta, \mu + v = N) \mathrm{d}\beta}{\int_{0}^{1-e^{-L}} P_L(\beta) P(\mu = m \mid w = \beta, \mu + v = N) \mathrm{d}\beta}$$

$$= \frac{\int_{\beta}^{1-e^{-L}} \beta^{-m}(1-\beta)^{N-m-1} \mathrm{d}\beta}{\int_{0}^{1-e^{-L}} \beta^{m}(1-\beta)^{N-m-1} \mathrm{d}\beta}$$

令 $L \rightarrow \infty$（为使极限存在，需设 $n = N - m \geqslant 1$），得

$$P_{HB3}(w > \beta \mid \mu = m, \mu + v = N)$$

$$= \frac{\int_{\beta}^{1} \beta^{m}(1-\beta)^{N-m-1} \mathrm{d}\beta}{\int_{0}^{1} \beta^{m}(1-\beta)^{N-m-1} \mathrm{d}\beta}$$

计算此积分，最后得

$$P_{HB3}(w > \beta \mid \mu = m, \mu + v = N)$$

$$= \sum_{k=0}^{m} \binom{N}{k} \beta^{k}(1-\beta)^{N-k}$$

$$= P(\mu \leqslant m \mid w = \beta, \mu + v = N)$$

H. Steinhaus[4,5,6] 及 J. Oderfeld[1] 早就指出，统计中可信论的应用并不解决下述困难，如不采用一些协议作为前提，就不可能回答实际工作者的问题. 上面各结果解释了这些前提在可信论方法中的作用. 从实用观点来看，要求 $\log \dfrac{1}{1-w}$ 有均匀分布的假定 $HB3$ 更复杂，故不如贝叶斯假定容易接受. 但从上诸结果，可见总体次品率的各种不同的先验分布，给出甚为接近的后验概率.

参 考 资 料

［1］J. Oderfeld. On the duol aspect of sampling plans, Colloquium Mathematicum, 2(1951),89-97.

［2］A. Romejko. Porównywanie dwóch partii towaru, Zastosowania Matematyhi, 3(1957),217-228.

［3］K. Sarkadi. A Selejtaráng Beyes-féle Valószinuségi határaita Vonatkoxó dualitási elvröl (On the rule of dualism Concerning the Bayes' probability limits of the fraction defective), Alkalmazott Matematikai Intézetének közleményei 11, Budapest, 1953, 275-285.

［4］H. Steinhaus. Quality control by sampling (A plea for Bayés rule), Colloquium Mathematicum, 2(1951), 98-108.

［5］H. Steinhaus. Podstawy Kontroli Statystycsneg, Zastosowania Matematyki, 1(1953),4-25.

［6］H. Steinhaus. Prawdopodobieústwo, Wiarogodnosc, mozliwosc, Zastosowania Matematyki, 1(1954), 149-171.

［7］H. Steinhaus, S. Zubrzycki. O poroonywaniu dwoch procesow produkcyinych i Zasadzie dnalizmu Zastosowania Matematyki, Ⅲ(1958),229-257.

5 量度分析的新代数理论及其在产品抽样试验中的应用

　　量度分析是力学物理及其他自然科学中常用的方法. 这方法研究各种具体问题中的度量,有时只需要初

等的理论和计算,就可得到有趣的结果. 虽然量度分析应用已久甚至不知谁是创始者,但至今这方法还不简明,而且从数学观点来看也不准确. 在这方面的各种努力都未得到令人满意的结果. 直到弗罗茨瓦夫的数学家 S. Drobot 才建立了量度分析的代数方法,据我看来,它能满足简明性与准确性的一切要求. 还与弗罗茨瓦夫的另一数学家 M. Warmus 运用此新理论于产品的抽样试验问题上. 由于这二结果相当有趣,所以在这里陈述.

假定量度是空间 Π 的元,Π 满足下列公理:

1° 对空间 Π 的任二元 A 及 B,其乘积 AB 也属于 Π,且使交换律

$$AB = BA \qquad (61)$$

及结合律

$$(AB)C = A(BC) \qquad (62)$$

成立,并且对每 A 及 B,存在 Π 中的元 x 使 $Ax = B$.

2° 空间 Π 的元 A 可配以实指数 a,且 A^a 属于 Π,并满足下列条件

$$A^{a+b} = A^a \cdot A^b \qquad (63)$$

$$(AB)^a = A^a B^a \qquad (64)$$

$$(A^a)^b = A^{ab} \qquad (65)$$

$$A^1 = A \qquad (66)$$

3° 实数 $\alpha, \beta, \gamma, \cdots$ 也是空间 Π 的元.

空间中非正数的元称为纲量,而正数则称为非纲量.

空间 Π 中的元 $A_1, A_2, \cdots, A_m$ 称为量度独立,如从等式

$$A_1^{a_1} A_2^{a_2} \cdots A_m^{a_m} = \alpha$$

其中 α 为正数, $a_1, a_2, \cdots, a_m$ 为实数,即有

$$a_1 = a_2 = \cdots = a_m = 0$$

及

$$\alpha = 1$$

如在空间 Π 中存在 n 个量度独立的元但不存在 $n+1$ 个量度独立的元,则说空间 Π 有 n 个单元. 每 n 个独立的元所成的组称为单元组.

容易证明,如 $x_1, x_2, \cdots, x_n$ 是单元组,则空间 Π 中每一元可唯一的地表为

$$A = \alpha x_1^{a_1} x_2^{a_2} \cdots x_n^{a_n}. \tag{67}$$

其中 α 为非纲量,而 $a_1, a_2, \cdots, a_n$ 为实数.

如 $A_1, A_2, \cdots, A_m$ 由单元组 $x_1, x_2, \cdots, x_n$ 表为

$$A_i = \alpha_i x_1^{a_{1i}} x_2^{a_{2i}} \cdots x_n^{a_{ni}} \quad (i = 1, 2, \cdots, m) \tag{68}$$

则 $A_1, A_2, \cdots, A_m$ 为量度独立的充要条件是指数矩阵

$$\begin{pmatrix} a_{11} & a_{12} & \cdots & a_{1m} \\ \cdots & \cdots & \cdots & \cdots \\ a_{n1} & a_{n2} & \cdots & a_{nm} \end{pmatrix} \tag{69}$$

的秩为 m.

如 $x_1, x_2, \cdots, x_n$ 及 $y_1, y_2, \cdots, y_n$ 为两个单元组,则单元组 $x_1, x_2, \cdots, x_n$ 中每一元可用 $y_1, y_2, \cdots, y_n$ 表为

$$x_i = \xi_i y_1^{t_{i1}} y_2^{t_{i2}} \cdots y_n^{t_{in}} \quad (i = 1, 2, \cdots, n) \tag{70}$$

其中 $\xi_1, \xi_2, \cdots, \xi_n$ 为非纲量而 $t_{ij}(i, j = 1, 2, \cdots, n)$ 是使行列式 $|t_{ij}| \neq 0$ 的实数.

设元 A 在单元组 $x_1, x_2, \cdots, x_n$ 中由公式(67)表示,于其中代以新单元(70)后,得 A 在单元组 $y_1, y_2, \cdots, y_n$ 中的表示

$$A = \alpha \xi_1^{a_1} \xi_2^{a_2} \cdots \xi_n^{a_n} y_1^{t_{11}a_1 + t_{21}a_2 + \cdots + t_{n1}a_n} \cdots y_n^{t_{1n}a_1 + t_{2n}a_2 + \cdots + t_{nn}a_n}$$

$$\tag{71}$$

公式(71)是由一单元组向另一单元组的变换式. 但如在(71)中以 $x_1, x_2, \cdots, x_n$ 代 $y_1, y_2, \cdots, y_n$,则得空间 Π 的一新元

$$\theta_x A = \alpha \xi_1^{a_1} \xi_2^{a_2} \cdots \xi_n^{a_n} x_1^{t_{11}a_1 + t_{21}a_2 + \cdots + t_{n1}a_n} \cdots x_n^{t_{1n}a_1 + t_{2n}a_2 + \cdots + t_{nn}a_n}$$

(72)

公式(72)是空间 Π 到自身的变换,这变换称为量度变换. 它有下列性质:

1° 变换 θ 是互为单值的;

2° 对每二元 A 及 B,有 $\theta(AB) = (\theta A)(\theta B)$;

3° 对每实数 a 有 $\theta(A^a) = (\theta A)^a$;

4° 对每非纲量 α 有 $\theta \alpha = \alpha$.

可以证明,这些条件完全决定量度变换. 对每一单元组 $x_1, x_2, \cdots, x_n$,任一满足条件 1° ~ 4° 的变换可写为公式(72).

再引进函数 $\Phi(Z_1, Z_2, \cdots, Z_s)$ 的概念,它给空间 Π 的元所成的每一集配以此空间某一元. 我们只研究满足下列条件的函数:

1° 量度不变性条件:对每一量度变换 θ 有恒等式

$$\Phi(\theta Z_1, \theta Z_2, \cdots, \theta Z_s) = \theta \Phi(Z_1, Z_2, \cdots, Z_s) \quad (73)$$

2° 量度齐次性条件:对每一组非纲量 $\zeta_1, \zeta_2, \cdots, \zeta_s$,存在非纲量 ζ 使

$$\Phi(\zeta_1 Z_1, \zeta_2 Z_2, \cdots, \zeta_s Z_s) = \zeta \Phi(Z_1, Z_2, \cdots, Z_s)$$

(74)

现在来叙述两个基本定理,它们对量度分析的应用有头等意义:

定理 1　如果量度不变函数 $\Phi(Z_1, Z_2, \cdots, Z_m)$ 中的 $Z_1, Z_2, \cdots, Z_m$ 是量度独立的,那么函数的形状为

$$\Phi(Z_1, Z_2, \cdots, Z_m) = \varphi Z_1^{t_1} Z_2^{t_2} \cdots Z_m^{t_m} \quad (75)$$

其中非纲量系数 φ 及实指数均不依赖于 $Z_1, Z_2, \cdots,$ Z_m. 反之由公式(75)所定义的每一函数满足量度不变性条件.

定理 2　如量度不变及齐次函数 $\Phi(Z_1, Z_2, \cdots,$ $Z_m, P_1, P_2, \cdots, P_q)$ 中的 $Z_1, Z_2, \cdots, Z_m$ 量度独立, 但 $P_1, P_2, \cdots, P_q$ 量度依赖于 $Z_1, Z_2, \cdots, Z_m$

$$P_k = \pi_k Z_1^{r_{1k}} Z_2^{r_{2k}} \cdots Z_m^{r_{mk}} \quad (k = 1, 2, \cdots, q) \qquad (76)$$

其中 $\pi_k (k = 1, 2, \cdots, q)$ 为非纲量（正数）, 但指数 $r_{ik}(i = 1, 2, \cdots, m; k = 1, 2, \cdots, q)$ 是实数, 则函数 Φ 可表为

$$\Phi(Z_1, Z_2, \cdots, Z_m, P_1, P_2, \cdots, P_q) \qquad (77)$$
$$= \varphi(\pi_1, \pi_2, \cdots, \pi_q) Z_1^{t_1} Z_2^{t_2} \cdots Z_m^{t_m}$$

其中 $\Phi(\pi_1, \pi_2, \cdots, \pi_q)$ 为不依赖于 $Z_1, Z_2, \cdots, Z_m$ 的数值变数 $\pi_1, \pi_2, \cdots, \pi_q$ 的普通数值函数, 而实指数 $t_1,$ $t_2, \cdots, t_m$ 不依赖于 $\pi_1, \pi_2, \cdots, \pi_q$ 及 $Z_1, Z_2, \cdots, Z_m$.

反之, 每一由公式(77)所表达的函数是量度不变和齐次的.

定理 2 由 E. Buckingham 证明, 在量度分析中称为定理 π. 注意在定理 2 中令 $q = 0$ 易得定理 1 的结果, 但这只对量度不变及齐次函数而言, 而定理 1 的证明则只需假定函数的量度不变性. 但由于上述诸定理, 每一量度无关变元的量度不变函数是量度齐次的.

再引进一非常直观且为实际工作者所常用的量度观念, 虽然从理论上看来这并非必需. 作为等量度关系的抽象族, 我们来引进这观念. 说两个量有相同的量度, 如果它们的关系式 AB^{-1} 是非纲量, 记此事实为

$$[A] = [B]$$

易证等量度关系是等价关系, 因为它满足条件

$$[A] = [A]$$

$$如[A]=[B],则[B]=[A]$$

$$如[A]=[B]及[B]=[C],则[A]=[C]$$

因此空间 Π 分裂为不相交的等量度的元所成的族,后者称为量度.实践中常采用不同的记号来标记量度.例如 5 厘米的量度将记为

$$[5\text{厘米}]或厘米或长度$$

还可以引进量度的乘法与乘方.这运算的定义是

$$[A][B]=[AB]及[A]^{a}=[A^{a}]$$

因对每一正数又有

$$[\alpha]=[1]=1$$

故由量度的乘法定义易证

$$[\alpha][B]=[\alpha B]=[B]$$

容易验证,量度及由上定义的对它们的运算满足构成空间 Π 的一切公理,因而它们构成一新空间 Π.

运用量度的记号,现在可以化量度齐次性的要求(75)为更直观的形式

$$[\Phi([Z_1],[Z_2],\cdots,[Z_s])]=[\Phi(Z_1,Z_2,\cdots,Z_s)]$$

再讲量度分析中的一定理,在叙述它时要用到量度观念.

定理 3　设在单元组 $x_1,x_2,\cdots,x_n$ 中,量度无关的量 $Z_1,Z_2,\cdots,Z_m$ 有量度

$$[Z_k]=[x_1^{a_{1k}}x_2^{a_{2k}}\cdots x_n^{a_{nk}}]\quad(k=1,2,\cdots,m)$$

则存在函数 Φ,它给 $Z_1,Z_2,\cdots,Z_m$ 配以某已给量 F ($[F]=[x_1^{a_1}x_2^{a_2}\cdots x_n^{a_n}]$) 的充要条件是下列含未知元 $f_1,f_2,\cdots,f_m$ 的线性方程组有解且解唯一.

$$a_{11}f_1+a_{12}f_2+\cdots+a_{1m}f_m=a_1$$

$$a_{21}f_1+a_{22}f_2+\cdots+a_{2m}f_m=a_2$$

$$\vdots$$

$$a_{n1}f_1 + a_{n2}f_2 + \cdots + a_{nm}f_m = a_n$$

在理论部分讲完之后,现在来讲量度分析在产品抽样试验问题中的应用. 先讲几点方法论上的注意.

产品抽样试验理论是建立在对产品总体,抽样方法及其他等所加的一些前提上的统计理论,其中要用概率方法. 虽然概率方法回答了抽样试验中的许多实际问题,但它有时仍有缺点:冗长,繁重,需要把现象型化而得到的结果常不能吻合实际. 并且在这些方法中经验的作用也不十分明显.

因为概率判断表达了研究对象的客观性质,所以可以用来陈述抽样试验的现象理论. 类似地,例如现象热力学和统计热力学描述同一类现象. 统计理论描述热力现象较细致,而在许多实际问题中,现象理论所得的结果却很精确. 可以断定,在各种统计检查问题中,常有一些问题相当粗糙,以致不必应用统计方案,何况后者常需要应用复杂的数学工具.

产品抽样试验理论的基本观念是总体. 产品的总体是对象的集合 Ω,它根据假定满足下列条件:

如 Ω_1,Ω_2 是总体 Ω 的子集(部分),则可将其相加而得总体 Ω 的一新子集 $\Omega_1 \cup \Omega_2$.

对总体的一切部分定义如下的二测度 N 及 W:

1° 其中每个都是纲量.

2° 对总体 Ω 的一切子集,测度 N 及 W 分别各有一定的量度 $[N]$ 及 $[W]$.

3° $N(\Omega_i)$ 及 $W(\Omega_i)$ 对总体的每一子集是量度无关的.

4° 测度 N 及 W 都有可加性;如 Ω_1 及 Ω_2 没有公共部分,则满足等式

$$N(\Omega_1 \cup \Omega_2) = N(\Omega_1) + N(\Omega_2)$$
$$W(\Omega_1 \cup \Omega_2) = W(\Omega_1) + W(\Omega_2)$$

$N(\Omega)$ 称为总体的体积而 $W(\Omega)$ 称为总体 Ω 的价值. 总体子集的二测度分别称为该子集的体积与价值. 虽然在实际中总体的体积不常是商品的个数,我们仍约定取体积的量度为"各",而总体或其部分的价值量度则取为"圆".

同样地对样本引进对应的观念. 产品总体 Ω 的子集 ω 称为样本,它有下列性质:

如 $\omega_1, \omega_2, \cdots$ 为样本 ω 的子集,则定义了它们的加法,其结果仍是样本 ω 的子集. 因为样本的部分的加法未必与总体部分的加法重合,所以我们将用另一记号"$\curlyvee$". 对样本的一切部分定义二测度 n 及 w,分别称为整个样本或其部分的体积与价值. 按假定 n 及 w 满足下列条件:

5°测度 n 及 w 为纲量.

6°测度 n 及 w 对样本 ω 的一切子集有一定的量度 $[n]$ 及 $[w]$.

7°$N(\Omega_i), W(\Omega_i), n(\omega_j), w(\omega_j)$ 为量度无关.

8°对样本部分的加法"r",测度 n 及 w 可加;如 ω_1 及 ω_2 没有公共部分,则满足等式

$$n(\omega_1 \curlyvee \omega_2) = n(\omega_1) + n(\omega_2)$$
$$w(\omega_1 \curlyvee \omega_2) = w(\omega_1) + w(\omega_2)$$

按照假定,样本及总体的体积是量度无关的,为了强调它们间的区别,我们约定称样本的体积是"个". 同样地,样本的价值称为"元".

上述的假定需要一些证明. 首先在条件 4° 及 8° 中,我们曾将纲量相加,而等式的右方为和 $N(\Omega_1) +$

$N(\Omega_2)$, $W(\Omega_1) + W(\Omega_2)$, $n(\omega_1) + n(\omega_2)$, $w(\omega_1) +$ $w(\omega_2)$. 这需要特别解释, 因为在造空间 Π 时我们未提到纲量相加, 且一般情况下纲量的和不属于空间 Π. 但因这里被加量有相同的量度, 我们可设, 如 α 及 β 为二实数, 又 A 为任一纲量, 则令

$$\alpha A + \beta A = (\alpha + \beta)A$$

其次还要解释假定 $7°$, 因为实际工作者可能不同意下列假定: 总体与样本的体积或总体与样本的价值有不同的量度而且它们量度无关. 但不难举例说明这些假定完全成立. 例如运输煤时, 总体的体积单位自然取为吨, 而其价值单位则为圆. 但因煤的检查是用某种方法抽样本, 把这样本磨碎调匀, 再进行第二次抽样, 然后对新样本作化学分析或把它作煤球后燃烧以计算热量的卡数, 故作为样本的体积单位自然可取立方厘米(因这里样本的体积是煤球的体积) 而样本的价值单位取为卡. 甚至总体与样本的体积(或价值) 有相同的量度时(例如被检查的煤球体积用重量单位克表达时), 我们以后也不利用这点而假定这些量度不同且满足条件 $7°$(当"各" = 吨及"个" = 克时, 我们也不利用等式 1 吨 = 10^6 克).

根据上面引进的概念及公理, 我们来叙述产品的抽样检查理论.

总体(或其部分) 的价值与体积之比称为总体的价格或出售价格 C

$$\frac{W}{N} = C \qquad (78)$$

平行地引进样本的价格或实验价格 c.

$$\frac{w}{n} = c \qquad (79)$$

这些价格的量度显然是

$$[C] = 圆 \cdot 各^{-1}, [c] = 元 \cdot 个^{-1} \qquad (80)$$

这里,总体与样本价格的观念比普通的价格更广泛. 例如样本的价格可以是从一立方厘米的煤中取出的卡数,也可能是总体中上品的频数,只要我们认为总体的体积是其个数,而价值是总体中的上品数.

我们再假定,如果知道了样本的实验价值,就有计算总体出售价格的法则. 我们这里只考虑出售价格与实验价格线性相关的情况,即

$$C = qc + C_0 \qquad (81)$$

其中 q 称为会计系数,C_0 不依赖于实验价格而可认为是不变的发货费. 还假定参数 q, C_0 已知,且对已确定那批产品的统计质量检查问题是不变的.

为使等式(81)成立,且使此式右方的加法合法,必须要会计系数 q 有量度

$$[q] = 圆 \cdot 各^{-1} \cdot 元^{-1} \cdot 个 \qquad (82)$$

而 C_0 的量度应与总体的出售价格一样,即

$$[C_0] = [C] = 圆 \cdot 各^{-1}$$

今令 Ω_1 为总体 Ω 的某一确定部分,又 $N_1 = N(\Omega_1)$,则

$$\overline{W}_1 = W \frac{N_1}{N} = CN_1 \qquad (83)$$

称为总体部分 Ω_1 的平均(或期望)价值.

类似地定义样本部分 w_1 的平均价值 $\overline{w}_1$ 为

$$\overline{w}_1 = w \frac{n_1}{n} = cn_1 \qquad (84)$$

其中 $n_1 = n(\omega_1)$ 为样本部分的体积 $n_1 = n(\omega_1)$. 总体部分和样本部分的平均价值分别与总体和样本的量度

相同,即

$$[\overline{W}] = [W] = 圆,[\overline{w}] = [w] = 元$$

今设总体 Ω 由 v 个互不相交的子集 $\Omega_1,\Omega_2,\cdots,\Omega_v$ 构成,各有相同的体积 $N(\Omega_i) = N_1 (i = 1,2,\cdots,v)$. 则这些部分有相同的平均价值 $\overline{W} = N_1 C$. 今令

$$D = \sqrt{\frac{N_1}{N} \sum_{i=1}^{v} (W_i - \overline{W}_1)^2} \tag{85}$$

其中 $W_i = W(\Omega_i), i = 1,2,\cdots,v_0$ 这里需补充 $(W_i - \overline{W}_1)^2$ 的定义,因它在空间 Π 中无定义,但令 $W_i = \alpha_i \cdot$ 圆及 $\overline{W}_1 = \overline{\alpha} \cdot 元. \left(\overline{\alpha} = \frac{1}{v} \sum_{i=1}^{v} \alpha_i\right)$ 则自然地取 $(W_i - \overline{W}_1)^2$ 的定义为

$$(W_i - \overline{W}_1)^2 = (\alpha_i - \overline{\alpha})^2 \cdot 圆^2$$

因此,全部 $(W_i - \overline{W}_1)^2 (i = 1,2,\cdots,v)$ 有相同的量度 圆^2,而(85)中根号下的和数合法,且除 $\Omega_i (i = 1, 2,\cdots,v)$ 有相同的价值 $W_i = \overline{W}$ 的特殊情形外,D 有定义. 不过这特殊情形实际上很少碰到,对它运用统计检查没有实际意义.

总体价值的平均二次离差 S 定义为

$$S = \frac{D}{\sqrt{N}} \tag{86}$$

它的量度为 $[S] = 圆 \cdot 各^{-\frac{1}{2}}$.

同样定义样本价值的平均二次离差 s 为

$$s = \frac{d}{\sqrt{n}} \tag{87}$$

其中

$$d = \sqrt{\frac{n_1}{n} \sum_{i=1}^{\mu} (w_i - \overline{w}_1)^2} \tag{88}$$

w_i ($i = 1, 2, \cdots, \mu$) 是样本的子集 $\omega_1, \omega_2, \cdots, \omega_\mu$ 的价值, 这些子集互不相交, 有相同的体积 $n_1 = n(\omega_i)$ 及平均价值 $\bar{w}_1 = cn_1$, 且 $\omega = \omega_1 \curlyvee \omega_2 \curlyvee \cdots \curlyvee \omega_\mu$. s 的量度为

$$[s] = 元 \cdot 个^{-\frac{1}{2}}$$

当总体部分 Ω_i ($i = 1, 2, \cdots, v$) 有体积 $N_1 = 1$ 各, 且总体的价值由上品的个数所标志时, 1 圆 = 1 好各, 公式 (87) 的形式特别简单. 此时得

$$s = \sqrt{\Gamma(1 - \Gamma)} \cdot \frac{1 \text{ 好各}}{\sqrt{N}}$$

这里 Γ 为非纲量, 它是价值为 1 好各的总体子集的平均体积除以总体体积 N 的商, 或即普通所谓的总体中上品的频率.

最后引进检查价值 B 的观念, 假定此价值与总体价值有相同的量度, 即 $[B] = [W] = 圆$. 检查价值 B 与待检查的样本的体积 n 之比

$$k = \frac{B}{n} \tag{89}$$

称为样本检查价格, 它的量度为

$$[k] = 圆 \cdot 个^{-1} \tag{90}$$

做过产品抽样检查理论的主要参数与指标的概述后, 现在来运用量度分析以解决统计检查主要问题的各种方案. 首先分这问题的各种解为两类, 第一类为统计型解, 其中假定样本的体积必须依赖于总体价值的平均二次离差 S 或样本价值的平均二次离差 s. 另一类解为非统计型解, 其中假定样本的体积不依赖于 S 及 s.

先看一些统计型问题提法的例子.

例 1　假定样本体积只依赖于总体体积 N, 样本

143

检查价格 k,样本价值平均二次离差 s 及会计系数 q,有

$$n = \Phi(N,k,s,q)$$

其中 Φ 为某量度函数. 试问函数 Φ 的形状如何?

在单元组

$$各,个,圆,元$$

中,N,k,s,q 的量度为

$$[N] = 各$$

$$[k] = 个^{-1}圆$$

$$[s] = 个^{-\frac{1}{2}} \quad 元$$

$$[q] = 各^{-1} \quad 个 \quad 圆 \quad 元^{-1}$$

易证指数行列式不为 0

$$\begin{vmatrix} 1 & 0 & 0 & 0 \\ 0 & -1 & 1 & 0 \\ 0 & -\dfrac{1}{2} & 0 & 1 \\ -1 & 1 & 1 & -1 \end{vmatrix} = \frac{3}{2} \neq 0$$

这等价于 N,k,s,q 的量度无关性. 按定理 9,这些量的每一量度不变函数为

$$\Phi(N,k,s,q) = \alpha N^{a_1} k^{a_2} s^{a_3} q^{a_4} \qquad (91)$$

由于我们要找关系式 $n = \Phi(N,k,s,q)$,需求出 (91) 的各指数,它们可由线性方程

$$a_1 - a_4 = 0, -a_2 - \frac{1}{2}a_3 + a_4 = 1, a_2 + a_4 = 0, a_3 - a_4 = 0$$

求出. 后者有唯一解

$$a_1 = a_3 = a_4 = \frac{2}{3}, a_2 = -\frac{2}{3}$$

故所求的关系式为

$$n = 2\left(\frac{Nqs}{k}\right)^{2/3} \qquad (92)$$

其中正的常系数不能用量度分析方法求出. 有趣的是,当 $q = 1$ 圆各$^{-1}$元$^{-1}$个时, 公式(92)重合于 H. Steinhaus 用统计估值法所得的公式.

　　例 2　今设样本的体积除依赖于例 1 中的四个量 N, k, s, q 外, 还依赖于总体的价格 C, 即

$$n = \Phi(N, k, s, q, C) \qquad (93)$$

因 N, k, s, q 量度独立且量度空间 Π 这时又只有四个单元, 故这空间的任一其他纲量, 例如 C, 可由(91)表达. 因 C 的量度$[C] =$ 圆各$^{-1}$, 又 N, k, s, q 的量度已在上面写出, 故比较对应的指数后易得

$$C = \beta_1\left(\frac{kq^2s^2}{N}\right)^{1/3} \qquad (94)$$

今设函数(93)为量度不变且为齐次的, 则可对它运用定理 2 得函数只能是

$$r = \varphi(\beta_1)\left(\frac{Nqs}{k}\right)^{2/3} \qquad (95)$$

其中 $\varphi(\beta_1)$ 是非纲量参数

$$\beta_1 = CN^{1/3}k^{-1/3}q^{-2/3}s^{-2/3}$$

的任意函数. 对总体的一定的检查法, 这参数称为产品总体相似判定, 因当两个不同的总体有相同的参数 β_1 时, 则(95)中的系数 $\varphi(\beta_1)$ 对二总体一样. 量度分析理论没有给出任何便于找到函数 $\varphi(\beta_1)$ 的启示. 在这最后还会谈到如何根据实验来研究 $\varphi(\beta_1)$, 现在暂时结束例 2 的研究而假定 $\varphi(\beta_1)$ 可用它的麦克劳林展开式的前两项来代替, 这对实际需要是精确的, 于是令

$$\varphi(\beta_1) = \alpha_0 + \alpha_1\beta$$

这时一般公式(95)化为

$$n = \alpha_0 \left(\frac{Nqs}{k} \right)^{2/3} + \alpha_1 \frac{NC}{k} \qquad (96)$$

如 $\alpha_1 = 0$ 则这公式化为 (92)，在一般情况下，此式第一项除一常系数外重合于 (92) (96) 中第二项与总体价值 $W = NC$ 成正比，与检查价格 k 成反比.

例 3 今设样本体积 n 依赖于总体体积 N，检查价格 k 及总体价值的平均二次离差 S.

在这问题中变量个数小于量度空间的单元个数，故事先不知道是否存在所求的函数

$$n = \Phi(N, k, S) \qquad (97)$$

这问题由定理 3 回答. 因变量 N, k, S 的量度为

$$[N] = 各$$

$$[k] = 个^{-1} 圆$$

$$[S] = 各^{-\frac{1}{2}} \ 圆$$

且易验证它们为量度独立的，又 n 的量度为

$$[n] = 个$$

故按定理 3 为使函数 (97) 存在，充要条件为下面线性方程组有唯一解

$$1f_1 + 0f_2 + \frac{1}{2}f_3 = 0$$
$$0f_1 - 1f_2 + f_3 = 1 \qquad (98)$$
$$0f_1 + 1f_2 + 1f_3 = 0$$
$$0f_1 + 0f_2 + 0f_3 = 0$$

但因最后一方程常满足，而前三个方程含三个未知数，且系数行列式不为 0，故 (98) 有唯一解

$$f_1 = \frac{1}{2}, f_2 = 1, f_3 = -1$$

这就是最后所求的公式 f 的系数而得

$$n = \delta \frac{SN^{1/2}}{k} \qquad (99)$$

其中 δ 是正的常系数.

公式(99)为实际工作所熟知,在抽样验收方案中常用. 但以前它只是根据经验而不是建立在统计理论的基础上.

例4 在推广公式(99)而假定关系式中还含其他的纲量. 例如 n 除含例 3 中的 N, k, S 外还含会计系数 q

$$n = \Phi(N, k, S, q)$$

这类似于例 1,只是用总体价值平均二次离差 S 代替了样本价值平均二次离差 s. 根据上面的结果容易预见这问题的结果. 因为 N, k, S, n 是空间 π 的某子空间 π_1 的元,π_1 也是量度空间,但它只有三个单元(例如:1 各,1 个,1 圆)而 q 不属于此子空间,故在公式

$$n = \alpha N^{a_1} k^{a_2} S^{a_3} q^{a_4}$$

中,指数 a_4 必须等于 0,而其他的指数必须与(99)中对应的指数重合. 容易验明,计算后的结果完全肯定这些预见. 因而(99)是我们的问题的一般解. 将此式与(92)比较,有趣的是,当令 $n \to \infty$ 而固定其余的参数时,按(92)所求得的样本体积 n(与 $N^{2/3}$ 成正比)比按(99)所求得的 n(与 $N^{1/2}$ 成正比)增长得更快. 这说明了实际工作者周知的事实:知道总体价值的离散度比知道样本的离散度更可贵.

例5 今推广公式(99)而假定样本体积还可依赖于总体的价格 C

$$n = \Phi(N, k, S, q, C)$$

这里样本体积 n 不依赖于会计系数,又因 C 可表为

$$C = \beta \frac{S}{N^{1/2}}$$

得最后结果为公式

$$n = \psi(\beta) \frac{SN^{1/2}}{k} \qquad (100)$$

这里 $\beta = CN^{1/2}S^{-1}$ 是非纲量, 而 $\psi(\beta)$ 是任一数值函数.

例 6 再举一非统计型的问题为例, 假定样本体积既不依赖于总体价值的平均二次离差, 也不依赖于样本价值的平均二次离差. 设样本体积只决定于总体体积 N, 总体价格 C 及检查价格 k. 因而问题在于决定函数

$$n = \Phi(N, C, k) \qquad (101)$$

的可能形状. 因这时 N, C, k 量度无关, 按定理 1 函数 (101) 除一非纲量常系数外完全决定, 且得公式

$$n = \alpha_1 \frac{NC}{k} \qquad (102)$$

此式为实际工作者所知并在某些情况下得以运用.

在上述诸例中, 我们只假定了样本个数 n 依赖于某些而不依赖其他纲量. 这些假定由实际情况所提示. 但此外实际工作者还应决定抽样检查的目的性. 在解上述诸例时关于这点毫未提到. 甚至读者也会感到奇怪, 因为没有明确的目的性的研究只是为了研究而研究. 知道抽样检查的目的, 就等于在我们已得到的公式和实际间搭上了桥梁, 因为它可决定未知系数或未知数值函数的形状.

在实际中常碰到的且也最合理的原则是, 统计检查的目的是使某损失最小, 在特殊的提法下, 这一原则使 H. Steinhaus 得到了统计估值 (见问题 1) 的各公式, 而在一般情况下则把问题化为博弈论中的一些问题.

这里我们提出如何叙述这一原则及如何把它运用到由量度分析所建立的抽样检查理论中去.

设在每次产品总体的抽样检查时,定义了某一量度函数

$$R = \Phi(N, n, C, c, q, k, S, s) \qquad (103)$$

假定 R 的量度与总体价值的相同.

$$[R] = [W] = 圆$$

R 称为试验的风险. 由 (103) 风险可依赖于上面所引进的全部抽样检查的参数 (这里未明显指出 R 依赖于总体价值 W 及样本价值 w,因它们完全由价格及体积所决定:$W = CN, w = cn$).

函数 (103) 中有 8 个参数,但因这里的量度空间只有 4 个单元,故其中只可能有 4 个是量度无关的. 取 N, n, S, s 为独立变量,则其余可由这单元组表出,此时得到风险 R 的 4 个特征数值参数

$$\xi_1 = CN^{1/2}S^{-1}, \xi_2 = Cn^{1/2}S^{-1}, \xi_3 = 2N^{1/2}sn^{-1/2}S^{-1}$$

$$\xi_4 = knN^{-1/2}S^{-1}$$

然后运用定理 2 得试验风险 R 为

$$R = \rho(\xi_1, \xi_2, \xi_3, \xi_4)N^{1/2}S \qquad (104)$$

其中 ρ 是数值变量 $\xi_1, \xi_2, \xi_3, \xi_4$ 的数值函数.

函数 $\rho(\xi_1, \xi_2, \xi_3, \xi_4)$ 应由经济工作者决定,但我们再把它简化一下而设它是一线性函数,这在实际中已足够精确,即

$$\rho = \rho_0 + \rho_1\xi_1 + \rho_2\xi_2 + \rho_3\xi_3 + \rho_4\xi_4 \qquad (105)$$

其中 $\rho_0, \rho_1, \rho_2, \rho_3, \rho_4$ 为数值参数.

以 (105) 代入 (104) 并利用上面非纲量 $\xi_1, \xi_2, \xi_3, \xi_4$ 的表达式,得风险的简化式为

$$R = \rho_0 SN^{1/2} + \rho_1 CN + \rho_2 Cn^{1/2}s^{-1}N^{1/2}S + \rho_3 Nqsn^{-1/2} + \rho_4 kn$$

$$(106)$$

再来研究例 1，那里假定样本体积 n 只依赖于参数 N, s, k, q. 我们可假定试验风险也只依赖于这些量及样本体积 n. 由于这假定，在（106）中需设 $\rho_0 = \rho_1 = \rho_2 = 0$，因而得

$$R = \rho_3 Nqsn^{-1/2} + \rho_4 kn \qquad (107)$$

但因在例 1 中得到了（见公式（92））

$$n = \alpha \left(\frac{Nqs}{k} \right)^{2/3} \qquad (108)$$

以之代入（107）后得

$$R = rkn$$

这表明在所设前提下，试验风险与检查价格成正比. 同样的结果也由 H. Steinhaus 在其统计估值论中得到. 那里如不顾及常数 n，则当样本个数由公式（5）（见问题 1）决定时，极大极小化后的国家损失（见问题 1 公式（4））超过检查费用的两倍.

现在运用试验风险极小的原则以试图决定（108）中的系数 α，这时风险由（107）给出，其中 ρ_3, ρ_4 需由经济工作者定出. 但如没有特别的假定或试验观察的结果，这是不能实现的，因为不知道本价值平均二次离差 s 如何地依赖于样本体积 n. 如果假定 s 不依赖于 n $\left(\dfrac{\mathrm{d}s}{\mathrm{d}n} = 0 \right)$ 则由（107）得

$$\frac{\partial R}{\partial n} = -\frac{1}{2}\rho_3 Nqsn^{-3/2} + \rho_4 k$$

解方程 $\dfrac{\partial R}{\partial n} = 0$ 最后得知试验风险的极小由

150

$$n = \frac{\rho_3}{2\rho_4}\left(\frac{Nqs}{k}\right)^{2/3}$$

达到. 但如假定 $\dfrac{\mathrm{d}s}{\mathrm{d}n} = 0$ 不合理, 则可用试验的方法来决

定 (108) 中的系数 α. 试验的方法概括如下: 设从体积

为 N 的总体中抽出一些体积不同的样本. 于 (107) 中

认为 q, k, ρ_3, ρ_4 已知而可对各样本算出 R. 于是得到 R

对 n 的试验相关式. 当这样的试验次数相当大时, 由试

验相关式可定出使 R 达到极小的样本体积 n_0, 于是最

佳的系数 α 由条件

$$n_0 = \alpha\left(\frac{Nqs}{k}\right)^{2/3}$$

决定.

不同的总体的参数在 (108) 中出现的或不出现的

取不同的值, 对这些总体重复上述试验, 可以验证我们

为得到 (107) 及 (108) 而作的假定是否正确.

这样, 我们用一个例子从头到尾说明了应用量度

分析理论的大致步骤. 这里应再注意一点, 当用实验方

法来估计系数 α 及分析观察结果时, 必须用到概率方

法. 因此, 量度分析不完全把概率论从产品抽样检查理

论中排除出去, 但只保留了它适当的作用, 这作用像它

在其他实验科学中所起的一样.

参 考 资 料

[1] E. Buckingham. On physically similar systems, Physical Reviews, Ⅳ (1914), 345.

[2] S. Drobot, O analizie wymiarawej, Zastosowania Matematyki, 1 (1954), 233.

[3] S. Drobot. On the foundation of Dimensional A-

nalysis, Studia Mathematica, 14(1953),84.

[4] S. Drobot, M. Warmus. Analiza wymiarowa w badaniu wyrywkowym towarow, Zastosowania Matematyki Ⅱ(1954),1.

[5] S. Drobot, M. Warmus. Dimersional analysis in sampling inspection of merchandise, Rozprawy Matematyuna V, Warszawa(1954).

[6] H. Steinhaus. Wycena statystynna jako metoda odbioru towarow produkeji mesowej, Studia i prace Statystyune, 2(1950).

6　统计弹性理论中的一个奇论

近来常试图建立统计弹性理论. 以前在一切静力学计算中,用的几乎都是决定性的模型,由于预料中的负荷与材料的法定强度间的离差,使在静力建筑中必须引进商定的安全系数. 因难于预计使用材料上的浪费,故对可能的离差估计愈精确则设计愈经济. 然而就我所知,虽曾试图建立一种统计理论,以计算材料的抗力强度,但至今仍未得到能解决实际问题的结果. 我这里想叙述一个奇论,它在建立统计弹性理论的开头就碰到. 根据 H. Steinhaus 所发现的这一奇论,我再叙述一个理论性问题并指出 Trybula 所得到的局部解答.

某建筑材料,例如钢梁的抗力强度是一随机变数. 这可如下了解:说到钢梁时,我们想到的是一批具体的钢梁,它们的先天条件是一样的(同样的原料,在相同的技术条件下由同一工厂制造),但由于各种不可能精确控制的差别,在同类的钢梁中,个别钢梁的抗力强度常彼此不一样.

设有两批钢梁（例如由于所用钢的种类不同，或技术条件不同或横截面的形状不同），分别以随机变数 x_1 及 x_2 表第一及第二批钢梁的抗力强度. 我们提出下列问题：什么时候抗力强度为 x_1 的第一批钢梁比抗力强度为 x_2 的第二批好？如果某一批中全部钢梁的抗力强度大于另一批中全部钢梁的抗力强度，即有

$$P(x_1 > x_2) = 1 \text{ 或 } P(x_2 > x_1) = 1 \qquad (109)$$

时，那么这问题容易回答. 但如（109）中无一式成立时，则实际工作人员必须认定，那一批比另一批好，以便决定在这次建筑中采用那些钢梁. 当他们提出这问题时，人们常回答说第一批 x_1 比第二批 x_2 好（记以符号 $x_1 > x_2$）. 如果随机地从第一、二批中分别抽出钢梁时，第一批中的钢梁比第二批中的好的次数多于相反情况的次数，即

$$x_1 > x_2 \equiv P(x_1 > x_2) > P(x_2 > x_1) \qquad (110)$$

关系 $x_1 > x_2$ 的这一定义初看起来是很自然的，但它实际上却不完善，因为 $x_1 > x_2$ 不满足推移律，可以找到三个随机变数 x_1, x_2, x_3，使 $x_1 > x_2, x_2 > x_3$ 及 $x_3 > x_1$. 正是这一事实我在标题中称之为奇论. 现在来造三个随机变数 x_1, x_2, x_3，使有循环关系

$$x_1 > x_2, x_2 > x_3, x_3 > x_1 \qquad (111)$$

令随机变数 x_1 以概率 1 取值 2，$P(x_1 = 2) = 1$；随机变数 x_2 取二值 1 及 4，概率分别为 $P(x_2 = 1) = \alpha, P(x_2 = 4) = 1 - \alpha$；最后令 x_3 取值 0 及 3，概率分别为 $P(x_3 = 0) = \beta, P(x_3 = 3) = 1 - \beta$.

最好把随机变数 x_1, x_2, x_3 所可能取的值及对应的概率用图 2 表示，以便于计算.

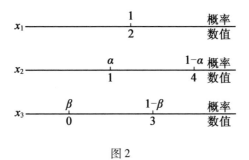

图 2

今设随机变数互为独立,则
$$P(x_1 > x_2) = P(x_2 = 1) = \alpha$$
$$P(x_2 > x_3) = P(x_2 = 4) + P(x_2 = 1)P(x_3 = 0)$$
$$= 1 - \alpha + \alpha\beta \qquad (112)$$
$$P(x_3 > x_1) = P(x_1 = 3) = 1 - \beta$$

在(112)之各式中令 $\alpha = 1 - \beta = \frac{1}{2}(\sqrt{5} - 1)$,得

$$P(x_1 > x_2) = P(x_2 > x_3)$$
$$= P(x_3 > x_1) = \frac{1}{2}(\sqrt{5} - 1) > \frac{1}{2}$$

根据定义(110),关系式(111)成立. 这里有趣的问题是:对一切可能的独立随机变数 x_1, x_2, x_3 而言,(112) 中全体概率的极大值是否就是 $\frac{1}{2}(\sqrt{5} - 1)$？ H. Steinhaus 把这问题用更一般的形式叙述为:对任一自然数 n,试求

$$a_n = \sup_x \min_p \{ P(x_1 > x_2), P(x_2 > x_3), \cdots, P(x_n > x_1) \}$$
$$(113)$$

其中 $\min\limits_p$ 对括号中全体概率而取,$\sup\limits_x$ 对独立随机变量 $x_1, x_2, \cdots, x_n$ 的一切可能的分布而取.

当 $n=2$ 时,显然 $a_2=0.5$.

当 $n=3$ 时,Trybula 已证明,上面的例子给出 $a_3=\frac{1}{2}(\sqrt{5}-1)$.

容易证明,如果像图 2 一样定义随机变数 x_1, x_2, x_3,其中 $\alpha=1-\beta=\frac{1}{2}(\sqrt{5}-1)$,再设以概率 1 有 $x_4=c_4, x_5=c_5, \cdots, x_n=c_n$,且实数 $c_4, c_5, \cdots, c_n$ 满足条件 $c>c_4>c_5>c_6>\cdots>c_n>2$,那么得

$$P(x_1>x_2)=P(x_2>x_3)=P(x_3>x_4)=\frac{1}{2}(\sqrt{5}-1)$$

$$P(x_4>x_5)=P(x_5>x_6)=\cdots=P(x_n>x_1)=1$$

因而当 $n=4,5,\cdots$ 时,$a_n \geqslant a_3=\frac{1}{2}(\sqrt{5}-1)$.

容易找到四个随机变数,使满足

$$
\begin{aligned}
P(x_1>x_2) &= P(x_2>x_3) \\
&= P(x_3>x_4) \\
&= P(x_3>x_1) \\
&= \frac{2}{3} > \frac{1}{2}(\sqrt{5}-1)
\end{aligned}
$$

为此只需如图 2 定义 x_1, x_2, x_3,但此时令 $\alpha=\frac{2}{3}, \beta=\frac{1}{2}$,并如下定义 x_4:$P(x_4=-1)=\frac{1}{3}, P\left(x_4=\frac{5}{2}\right)=\frac{2}{3}$.

如此得 $a_4 \geqslant \frac{2}{3} > a_3$,再像上面证明 $a_n \geqslant a_3 (n>3)$ 一样,可得当 $n>4$ 时,$a_n \geqslant \frac{2}{3} > a_3$. H. Steinhaus 认为 a_n 构成一上升数列,以 1 为极限,但这假定尚未证实.

上述的全部结果与思想是 H. Steinhaus 和 Trybula

的,他们至今尚未发表.

7　根据个体间已知距离,将个体所成的集排序与分类的方法

　　将个体所成集合排序与分类是一切实验科学方法论中的重要问题之一. 科学的实验与观察向实验者或观察者提出如何将观察的结果分类的问题,因为任一科学的研究的目的不仅是要收集新的观察的结果,还要将它们分类,这样才能发现自然的法则,才能利用观察的结果来解决实际生活中的问题. 许多实验员都是根据主观的分类或自信来解决这些问题. 虽然这些来自长期的经验或正确的直觉,常常推导出满意的解答,但这种主观方法总是依靠才能多于依靠科学.

　　设观察结果是一些个体的集合,其中每一个体由几个表示量的数值标志所决定. 大多数定性的标志也可以用数值表示(使之数量化). 例如一群人人体测量的结果,是用个体的许多标志的测量数值表示的. 这些标志中,可能有一些定性的标志,例如眼睛的颜色,或人的性别. 但这些标志仍可数量化,如可以用通用的色度来记眼睛颜色,用 1 记男性,用 0 记女性.

　　如果观察员只登记观察对象的一个标志,那么观察对象的排序问题没有任何困难,因只要把表这标志的数字当作直线上点的横坐标,用点来表示个体,就得到一个序. 但一般地只按一个数值标志来排序,好处不大,因为它难以完全回答实验员在开始观察时所提出的全部问题(例如根据考古发掘出来的颅骨以决定进化的道路,或研究异种植物间的相似等).

　　如有两个或三个标志,直观上可把个体表为平面或三维空间中的点,于是得到一个图形或一模型,但这时个体间已不再有自然的序,因为二维及三维空间的点是无序的.

　　但在很多情况下,标志的个数大于三,则由于不可能直观地表示三维以上空间的点,故不可能用模型来表示个体间的相对位置. 此时为了要科学地分析观察结果,必须利用某些分类或排序法. 其中有些是由波兰所创立和应用的,我们现在就来研究这些.

　　设 N 个个体 $A_1, A_2, \cdots, A_N$ 的观察结果是 n 维空间的 N 个点. 这些点也用 $A_1, A_2, \cdots, A_N$ 来表示,每一点的坐标是个体的 n 个标志的观察数值: $A_1(c_{11}, c_{12}, \cdots, c_{1n})$, $A_2(c_{21}, c_{22}, \cdots, c_{2n})$, $\cdots$, $A_N(c_{N1}, c_{N2}, \cdots, c_{Nn})$, 我们所有的方法建立在个体间距离的观念上. 以 $\rho(A_i, A_k)$ 或简写为 ρ_{ik} 来记 A_i 与 A_k 间的距离. 这里我们不详细讨论如何定义距离 ρ_{ik}. 关于这点以后还要谈到,暂时只指出,并不一定要定义 ρ_{ik} 为类似于 n 维空间常用的距离

$$\rho_{ik} = \sqrt{(c_{i1} - c_{k1})^2 + (c_{i2} - c_{k2})^2 + \cdots + (c_{in} - c_{kn})^2}$$

(114)

因为在大多数情况下,采用易于计算的公式作为距离定义更为方便,例如

$$\rho_{ik} = \frac{1}{n}\left[\,|c_{i1} - c_{k1}| + |c_{i2} - c_{k2}| + \cdots + |c_{in} - c_{kn}|\,\right]$$

(115)

或

$$\rho_{ik} = \frac{1}{n}\left[\alpha_1 |c_{i1} - c_{k1}| + \alpha_2 |c_{i2} - c_{k2}| + \cdots + \alpha_n |c_{in} - c_{kn}|\,\right]$$

(116)

即将 A_i 与 A_k 对应的标志的值取绝对值加权 α_1, $\alpha_2, \cdots, \alpha_n$ 后,再取算术平均值.

还可以有其他的距离定义,我们不再多说,只提醒距离应有下列性质:

1° 距离 ρ_{ik} 是非负数,即
$$\rho_{ik} \geqslant 0 (i, k = 1, 2, \cdots, N) \qquad (117a)$$

2° 任一个体 A_i 与自己的距离为 0,即
$$\rho_{ii} = 0 (i = 1, 2, \cdots, N) \qquad (117b)$$

3° 对每一对 i, k, ρ_{ik} 是对称函数,即
$$\rho_{ik} = \rho_{ki} (i, k = 1, 2, \cdots, N) \qquad (117c)$$

此外,距离 ρ_{ik} 还必须有下述性质,如两个体的距离 ρ_{ik} 甚近,则它们彼此相像,因为相隔甚远的个体不相像.

称每一排列 $A_{i_1}, A_{i_2}, \cdots, A_{i_N}$(这里 $i_1, i_2, \cdots, i_N$ 是自然数 $1, 2, \cdots, N$ 的任一排列)为个体的线形序. 这序的长定义为序中相邻个体间距离的和
$$\delta(A_{i_1}, A_{i_2}, \cdots, A_{i_N})$$
$$= \rho(A_{i_1}, A_{i_2}) + \rho(A_{i_2}, A_{i_3}) + \cdots + \rho(A_{i_{N-1}}, A_{i_N})$$
线形序可直观地解释为 n 维空间中表达这些个体的点间相联的折线形. 如果定义线段 $A_{ik}A_{i_{k+1}}$ 的长为距离 $\rho_{i_k i_{k+1}}$,而折线形的长为一切折线长的和,那么序的长重合于折线形的长.

在许多实际问题中,可把问题提为:试求观察到的个体间的最短线形序. 例如,如要根据考古发掘以决定进化的概率道路,则可采用下列原则:最可能的进化道路是联结已找到的个体间的最短折线形.

我们不知道如何找最短线形序,就我们所知这问题尚未解决. 当然,可采用计算全部 $N!$ 个线形序的长的办法,因为这只需要多次重复简单的算术运算,所以只要造

158

好程序后再利用电子计算机.但如 N 不很大,则有经验的人只要顺次试验几次就可找到最短的或接近最短的线形序.以前,著名的波兰人类学家柴肯诺夫斯基创造了专门的方法,来检查已给的线形序是否接近于最短的.这方法称为差级诊断,常用于各种人类学及其他问题中.运用这方法的原则如下:设有某线形序,我们看来它可能是接近于最短的,对它造所谓柴肯诺夫斯基表(以后简称为柴氏表).这是一正方形表,登记了个体间的 N^2 个距离.在 N 个行与 N 个列的标题中写上这线形序的个体,而在第 i 行与第 j 列的交点上记下此序中第 i 与第 j 号个体间距离.由条件(117b)与(117c)可知柴氏表上主对角线上的元为零,其余的元关于主对角线对称.现在按柴氏表作所谓柴肯诺夫斯基图(以后简称为柴氏图),它不同于柴氏表的是,不用数值的距离而用黑白颜色的记号.用白色正方形来代替最大距离.其他越来越小的距离则用越来越黑的记号来代替,将最短或为零的距离换为黑正方形.如果图中黑色部分沿主对角线集中,那么这线形序就近似于最短的.图3是一柴氏图,它是毕加略特根据五个标志(颅骨的五个部分)的测量绘制图,用来将34匹马排序.

　　利用柴氏法虽然可得到许多动物学与人类学上的结论,但此法仍有很大缺点.由它不能造最短线形序而只能直观地指出某线形序的性质.此外,当检查一线形序是否接近最短的时候,也无客观判定法则.在批评柴氏法时,可以批评线形序的原则本身.但多数情况下,这法则是合理的,然而有些问题中,例如可能有分支的进化,统计人口迁移等,线形序原则就不能应用.这时应该考虑的,不是如何求最短线形序,而自然地求最短的枝形序.所谓个体 $A_1, A_2, \cdots, A_N$ 的枝形序是线段

159

$A_i A_j$ 的集 D, 在 D 中对任一对 A_k, A_l, 存在一列而且只有一列线段

$$A_{i_1}A_{i_2}, A_{i_2}A_{i_3}, \cdots, A_{i_{s-1}}A_{i_s}$$

使 $A_{i_1} = A_k, A_{i_s} = A_l$. 枝形序的长定义为 D 中一切线段长度的和.

寻求个体 $A_1, A_2, \cdots, A_N$ 所成集 z 的最短枝形序的问题完全为弗罗茨瓦夫数学小组所解决. 根据这方法所创立的生物分类法称为弗罗茨瓦夫分类法.

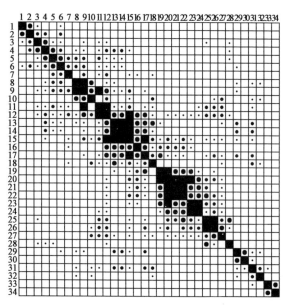

图 3　柴肯诺夫斯基图, 取自: J. Perkal, Analyse mor-phologique d'un groupe d'equides, Zoologica polomiae, 8(1957). 这里■表长度不超过 7 个单位的距离, ●表长度在 8－11 间的距离, ●表长在 12－15 间的距离, ●表长在 16－19 间的距离. 长度超过 19 个单位的距离用图中白色方块表示.

现在指出如何来造某一枝形序 $D(z)$，并证明一定理：$D(z)$ 就是集 z 的最短枝形序. 要最短枝形序是唯一的，还要假定集 z 中任二非零的距离不相等，即如 $i, j,$ $k, l(i, j, k, l = 1, 2, \cdots, n)$ 中至少有三个不同的数，则 $\rho_{ij} \neq \rho_{kl}$.

　　下面是造 $D(z)$ 的方法. 第一步用直线线段把每一个体 A_i 与其最近的个体连起来. 这些线段称为第一类线段. 它们将这些个体分为一个或更多的（无公共部分的）子集，每一子集与其中联结共同构成一枝形条. 这些子集称为第一类子集. 第二步是用线段将每一第一类子集与其最邻近的子集连起来（所谓两子集的距离是两集间点的最短距离，将两子集连起来是指用线段将两子集中最邻近的两点连起来）. 联结两个第一类子集的线段称为第二类线段，这些线段所联结的子集共同构成一个第二类子集. 如果只有一个第二类子集，那么全体第二类与第二类线段构成一枝形序 $D(z)$，如果存在两个或更多的第二类子集，那么可继续造下去，利用第三类线段来联结第二类子集等，直到只得到一个联结 z 中一切点的序为止. 用符号 $D(z)$ 来表这枝形序. 注意 $D(z)$ 中各类线段恰好共有 $N - 1$ 条，因为每一线段将子集个数减少一个（这里认为 z 中每一点是一零类集）. 现在举一个具体的例子来说明枝形序 $D(z)$ 的造法. 设要造联结七个点的枝形序（图4）. 点间的距离设为平面上普通的（毕德各拉）距离. 图5 上画出了所有第一类线段. 它们将集 z 中的点分成三个第一类子集. 那里有些第一类线段用双线来画，以便表示，例如，最近于 A_1 的是点 A_3，最近于 A_3 的是 A_1. 在枝形序 $D(z)$ 中单线联结与双线联结并无区别.

图 6 中虚线表示第二类线段,它们与第一类线段共同构成联结集 z 中一切点的枝形序 $D(z)$.

$\circ A_1$ $\circ A_2$

$\circ A_3$

          $\circ A_4$

                    $\circ A_6$

     $\circ A_5$

     $\circ A_7$

图 4　由 7 个个体所组成的集 z 的例.
距离 ρ_{ik} 为平面上毕德各拉距离.

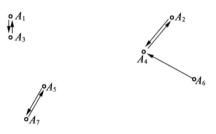

图 5　造枝形序 $D(z)$ 的第一步.
第一类线段与子集.

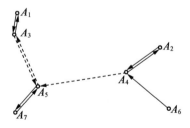

图 6　造枝形序 $D(z)$ 的第二步.
虚线表第二类线段.

162

现在证明

定理 1 枝形序 $D(z)$ 是个体集 z 的最短枝形序.

证明 设 $F(z)$ 是集 z 的最短枝形序. 要证等式 $D(z) = F(z)$ 只要证明 $D(z) \subset F(z)$. 为此任取 $D(z)$ 中一线段 $A_i A_j$, 今证它也属于 $F(z)$. 设 $A_i A_j$ 在构造 $D(z)$ 时是一 k 级线段, 它联结某一 $k-1$ 级子集 U 及最近于 U 的另一 $k-1$ 级子集 V. 如 $A_i A_j$ 不属于枝形序 $F(z)$, 则在枝形序 $F(z)$ 中必存在一列线段

$$A_{i_1} A_{i_2}, A_{i_2} A_{i_3}, \cdots, A_{i_{s-1}} A_{i_s}$$

使 $A_{i_1} = A_i, A_{i_s} = A_j$. 在这列中存在线段 $A_{i_r} A_{i_{r+1}}$, 它的一端点属于 U 而另一端点不属于 U. 由枝形序 $D(z)$ 的构造得不等式

$$\rho(A_i A_j) < \rho(A_{i_r} A_{i_{r+1}})$$

这是因为 $A_i A_j$ 是联结 U 与其他子集的最短线段. 因之, 如从 $F(z)$ 中抛去线段 $A_{i_r} A_{i_{r+1}}$, 再添上线段 $A_i A_j$, 则得一比 $F(z)$ 更短的集 z 的枝形序, 这与 $F(z)$ 是集 z 的最短的枝形序矛盾. 从而得知线段 $A_i A_j$ 必属于枝形序 $F(z)$. 既然 $A_i A_j$ 是 $D(z)$ 中任一线段, 故枝形序 $D(z)$ 的一切线段皆属于 $F(z)$. 由于 $D(z)$ 是集 z 的一枝形序, 而按假设 $F(z)$ 是此集的最短枝形序, 故只有一个可能: $D(z) = F(z)$.

我们用图 $2,3,4$ 中的具体例子来说明了最短枝形序的造法, 那里个体用平面上的点来表示, 而其间的距离是普通的毕德各拉距离. 但即使对任意的空间及任一满足条件 $(4a, b, c)$ 的距离, 最短枝形序的造法仍然

十分简单. 为了方便起见可制一个距离表(柴肯诺夫斯基表),要找距某个体最近的个体,就只要找某行中最小的数(主对角线上的 0 不算,因它是个体到自身的距离). 利用枝形序的拓扑性质,可将任一枝形序绘于平面上并可保持枝形序的全体线段的长度. 我们用一个具体的例子来说明这种图表的制法,这例子登在弗罗茨瓦夫数学家宿特卡的文章中. 宿特卡运用弗罗茨瓦夫分类法来区分小麦的品种,他根据四个法令那(一种机器的名称——译者)的标志来分类:发育,稠密,弹性与软性,它们刻画了小麦的烤度. 第一与第四个标志对烤度的作用是积极的,而第二与第三个标志的作用是消极的. 作者考虑了 10 种小麦,为使分类更完善,他还引进了两种理想小麦,其一为最佳品种 O,其标志的理想值为 $O(-3,3,3,-3)$,另一为最次品种 P,其标志的理想值为 $P(3,-3,-3,3)$. 真正的品种的标志值如下规范化:任一固定的标志值对 10 个真正品种的平均值为 0,标准离差为 1. 根据 12 个品种的资料宿特卡按公式(114)算出了各个距离. 他所得到的柴氏表附于后页. 现在来造小麦品种的最短枝形序. 由距离表易见 $1\to2,2\to5,3\to10,4\to6,5\to6,6\to4,7\to6,8\to4,9\to10,10\to9,0\to3,P\to5$(读为:最近于品种 1 的是品种 2,最近于品种 2 的是品种 5,等等). 由此可见第一类线段造成了两个第一类子集,即子集 1,2,4,5,6,7,8,P 及子集 3,9,10,0. 要找联结这些子集的第二类线段,就是要在距离表中,在对应于第一类子

集中的品种所在的横行和对应于第二类子集中的品种所在的直行的交点上所标出的数中,找出最小的数. 易见这就是品种 4 与 10 间的距离 215. 现在将这 12 个四维空间的点的最短枝形序画在平面上,它只能保持直接相联的点间距离(图 7). 在枝形序的平面图上一切线段的方向都是任意的(图 7 中采用的原则是:联结最佳与最次小麦折线铺成直线,而其他的枝线则从两侧与直线垂直). 宿特卡利用这一任意性,在一枝形序上,除保持直接联结的点间的距离外,还得保持每一个点与最佳小麦间的距离(这一原则已完全决定了枝形序的线段间的夹角),而在另一图上则保持每一点与最次小麦间的距离. 根据所得的枝形序宿特卡估计了各种小麦烤成面包的有效度.

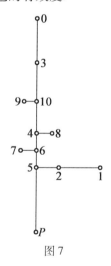

图 7

165

表 2

	1	2	3	4	5	6	7	8	9	10	0	P
1	0	276	377	365	335	371	835	431	483	451	674	679
2	276	0	377	365	122	161	180	258	225	324	704	515
3	377	377	0	374	465	433	450	441	272	268	356	888
4	365	365	374	0	157	78	122	107	232	215	641	568
5	335	122	465	157	0	91	125	212	365	358	771	431
6	371	161	433	78	91	0	96	138	297	288	716	491
7	385	180	450	122	125	96	0	111	309	290	725	488
8	431	258	441	107	212	138	111	0	260	228	666	572
9	483	225	272	232	365	297	309	260	0	79	478	764
10	451	324	268	215	358	288	290	228	79	0	456	766
0	674	704	356	641	771	716	725	666	478	456	0	1 200
P	679	515	888	568	431	491	488	572	764	766	1200	0

10 种真正的小麦与 2 种理想小麦间的距离表,取自:
F. Szcrotka, Prozadkowanie i klasyfikacja odmian pszenicy na podstawie ich farynogramów, Zastosowania Matematyki 2（1955）,129（В таблице всякое расстояния умножены числом 100）. 表中每一距离都已放大 100 倍.

弗罗茨瓦夫分类法还应用在许多其他的生物问题中. 这里我只想指出运用此法所得的主要结果. 考古发掘中所得人的头颅骨(其中有著名的北京人)的枝形序,证实了人类学上关于将这些发掘按时间与依据人类进化道路排序的假设,根据血群频率将人们排序得出了有趣的图案,专家以为它反映了迁徙的道路. 特别有趣的是关于太平洋岛上居民的结论. 在其他生物问题中,根据所谓对偶枝形序也得到了有趣的结果. 我们在造 N 个个体 $A_1, A_2, \cdots, A_N$ 的集的枝形序时,把个体

看成 n 维空间的点 $A_1(c_{11},c_{12},\cdots,c_{1n})$, $A_2(c_{21},c_{22},\cdots,c_{2n})$, $\cdots$, $A_N(c_{N1},c_{N2},\cdots,c_{Nn})$, 故可以根据这些观察的结果造 n 个标志 $c_1,c_2,\cdots,c_n$ 的对偶枝形序, 并把这些标志看成为 N 维空间的点 $c_1(c_{11},c_{21},\cdots,c_{N1})$, $c_2(c_{12},c_{22},\cdots,c_{N2})$, $\cdots$, $c_n(c_{1n},c_{2n},\cdots,c_{Nn})$. 对偶枝形序根据被研究的个体的资料, 指出各标志间的相似. 我们运用对偶枝形序, 例如在生态学的问题中, 把观察地点当作个体, 植物的不同种类当作标志, 因此, 简单的枝形序根据出产的植物不同种类的频数, 把观察地点排序, 而对偶枝形序, 则根据在各观察地点出现的各种植物的频数将各类植物排序.

现在来讲开始时所说的第二个问题. 把个体集分类. 这就是说, 要把个体的集分为一些子集, 使同一个子集中的个体彼此接近, 同时它们与其他不属于此子集的个体则相隔甚远. 在许多情形下, 如个体所成的集没有这种子集, 则可以称此集为齐次的. 但如它们存在, 则实验者希望把它们挑选出来, 因为非齐次个体集的齐次子集通常对应于个体的不同类型. 要挑出齐次子集, 可以利用柴氏图. 在图 1 中易见沿主对角线的黑暗地区构成几个黑暗正方形, 其中最清楚的有二: 其一是标号为 12,13,14,15,16,17 的横行与直行的交区, 另一是标号为 19,20,21,22,23,24 的横行与直行的交区. 这例子表明柴氏表可以指出齐次子集, 实践中常用此法来解决问题. 但用弗罗茨瓦夫分类法也可达到目的. 还在造最短枝形序 $D(z)$ 时, 我们就得到各类子集,它们也指出了个体的一些子集,根据它们可将个体分类. 但这里更方便更符合于实验员的直觉的是下列运用分类长度概念的办法. 设集 z 分成 m 个不相交的子集 $z_k(k=1,2,\cdots,m)$,有

$$z = z_1 + z_2 + \cdots + z_m \qquad (118)$$

这分类的长 $\delta(z_1 z_2 \cdots z_m)$ 定义为联结子集中的点的最短枝形序 $D(z_1),D(z_2),\cdots,D(z_m)$ 的长的和. 分类 (118) 称为将集 z 分为 m 部分的最佳分类,如果这分类的长达到极小.

要联结各子集 $z_k(k=1,2,\cdots,m)$ 中的点,我们一共需要 $n-m$ 个线段. 反之,每 $n-m$ 个线段,只要它们不构成任一闭折线形,就决定将集 z 分为 m 份的分类. 例如最短枝形序 $D(z)$ 的任意 $n-m$ 根线段决定这样的一个分类. 我们现在证明,把集 z 分为 m 份的最佳分类可由抛去最短枝形序 $D(z)$ 中最长的 $m-1$ 根线段得到. 这一结论是以下预备定理的推论.

预备定理 如分类 (5) 是将集 z 分为 m 份的最佳分类,则最短枝形序 $D(z_k)(k=1,2,\cdots,m)$ 中的一切线段均属于联结集 z 中的点的最短枝形序 $D(z)$

$$\sum_{k=1}^{m} D(z_k) \subset D(z)$$

证明 设 $a = A_i A_j \in \sum_{k=1}^{m} D(z_k)$ 为任一线段,它属于某一最短枝形序 $D(z_k)(k=1,2,\cdots,m)$. 今证 $a \in D(z)$. 设 $a = A_i A_j$ 属于枝形序 $D(z_l)$. 则在枝形序 $D(z_l)$ 中,抛去此线段后,子集 z_l 分为两部分 U 及 V. 如设 $a \notin$

168

$D(z)$，则在 $D(z)$ 中可找到一列线段

$$A_{i_1}A_{i_2}, A_{i_2}A_{i_3}, \cdots, A_{i_{s-1}}A_{i_s}$$

使 $A_{i_1} = A_i, A_{i_s} = A_j.$ 在这一列中有线段 $b = A_{i_r}A_{i_{r+1}}$，它的一端点属于 U 而另一端点不属于 U，故 $b \notin \sum\limits_{k=1}^{m} D(z_k).$

按假设 $\rho_{ij} \neq \rho_{kl}$，故应满足不等式 $b < a$，或不等式 $b > a.$

但第一种情形不可能，因如 $b < a$，则从 $\sum\limits_{k=1}^{m} D(z_k)$ 中抛去线段 a 而添上 b，我们就得到 $n-m$ 个线段 $\sum\limits_{k=1}^{m} D(z_k) - a + b$，它决定集 z 分成 m 份的一新分类，其长度短于分类 (5) 的长，但按定义分类 (5) 是集 z 分成 m 份的最短分类，故这是不可能的. 第二种情形也不可能，因如在 $D(z)$ 中抛去线段 b 再添上 a，我们就得到集 z 的一枝形序 $D(z) - b + a$，它短于枝形序 $D(z)$，而按定义，$D(z)$ 是最短的. 因此由假设 $a \notin D(z)$ 我们得到了矛盾. 既然 a 是 $\sum\limits_{k=1}^{m} D(z_k)$ 中任一线段，预备定理得证.

由此预备定理直接推得下列定理：

定理 2 为了要得到集 z 分为 m 份的最佳分类，只要从最短枝形序 $D(z)$ 中抛去 $m-1$ 根最长的线段. 其余的线段构成最佳分类 (5) 的各子集的最短线形序 $D(z_k)$.

例如，运用这分类法于图 7 中的小麦得：

如把图 7 中 12 种小麦分为 2 类，由第一类只含最次小麦 P，其他的小麦构成另一类.

如分这些小麦为 3 类,则第一类含点 P,另一类为点 O(最佳小麦),其余真正的小麦成为第三类.

但如分为 6 份,则得(1)P,(2)O,(3)1,(4)3,(5)9,10,(6)2,4,5,6,7,8.

最后,再指出个体集 z 的最短枝形序的一些性质.这些性质使弗罗茨瓦夫分类法的运用受到限制,但需要好好理解它以便正确的解释枝形序与分类.

枝形序当然依赖于个体间距离的定义,这定义几乎总是协商性的.在定义距离时应力求利用实践者在这方面的直觉.

在创立枝形序与分类的理论时,我们曾假定个体间的距离都不相同($\rho_{ij} \neq \rho_{kl}$).这一前提是最短枝形序的唯一性所要求的.实践中在造枝形序 $D(z)$ 时,常常碰到这种情况,与某点如 A_1 最近的,不止一个而有两个或更多的点如 A_i 及 A_j.从理论上看来,在构造枝形序以前,不论取线段 A_1A_i 或 A_1A_j 都是一样,但在实践中,我们力求在一张图上照顾两种可能而画两根线段.这种枝形序从拓扑的观点看来已不是枝形序,可能碰到这种情况,在平面图上不可能保留一切线段的长.

枝形序及分类不是点间距离的连续函数.因为二者都由长度最短的线段所构成,所以少许改变线段之长就可能得到完全不同的序与类.

枝形序只能反映其上直接联结的点间的距离.在枝形序上相近的点在标志空间是相近的(为此,对非直接相连的个体要假定距离满足三角形性质 $\rho_{ik} \leqslant$

170

$\rho_{ij} + \rho_{jk}$). 关于枝形序上相距甚远的两个体间的真实距离,只能够说,它的长大于枝形序上间接联结此两点的诸线段中的任一线段. 因此,在标志空间相近的两点在枝形序上可能相距很远. 因之由枝形序上所看出的性质,必须用距离表来验证,因为枝形序只是 n 维空间的点在平面点上的简略表现.

参 考 资 料

[1] K. Feorek, J. Lukaszewicz, J. Perkal, et al. Sur la eiaison et la divison des points d'un ensamble fini, colloquium Mathematicum, 2(1951).

[2] K. Florek, J. Lukaszewicz, J. Perkal, et al. Taksouomia wroclawska, Przeglad antropologiozny, X Ⅶ (1951).

[3] J. Perkal. Analyse morpnologique d'un groupe d'equides, Zoologica poloniae, 8(1957).

[4] F. Szczatka. Porzadkowanie i klasfikacja Odmian pszenicy na podstawie ich farynogramow, Zastosowania Matematyki, 2(1955), 123.

[5] A. Kelus, J. Lukceszewicz. Porzadkowanie popnlacji ludzkich wedlug czestosci grup ktwi, Przeglad Antropologiczng, X X (1954).

[6] A. Kelus, J. Lukaszewicz. Taksonomia wroct awska, w Zastosowania da Zagadnieu seroantropologii, Archiwum Immunologii i Terapii Doswiadczalue, 1(1953).

171

8 平面上点的随机分布与类别存在的统计判定法

在数学的应用中,我们常常遇到这样的问题:如何判断平面上的已给点集是均匀随机分布的结果,还是在它们之间,有相互吸引、排斥或某种特别的分配的趋势? 向我们提出这类问题的有天文学家、考古学家和地理学家等. 天文学家要求判断,天球上某些星,特别是亮度甚弱的星,是否有集成链带形的趋势? 考古学家问,如何根据已发掘古物的出土位置,来发掘地下文物? 地理学家肯定,把某区域内的城市绘成地图上的点,则这些点不是随机分布的,相邻的城市有保持一定距离的相互排斥的倾向. 这类例子还可举出很多,但我想这已足够说明这些问题常是实际工作者所关心的. 在后文中,我想叙述解决这类问题的方法.

先提出一理论问题,所谓某点集在平面上均匀地随机分布是什么意思? 为简单计算,考虑全平面及无穷点集 z. 定义一区域函数 $N(D)$,对任一区域 D,$n = N(D)$ 表集 z 中属于 D 的点数. 在平面上任取一直角坐标系,对每一矢量 (a,b),每一区域 D,符号 $D(a,b)$ 表将区域 D 中的点按矢量 (a,b) 移动后所得的新区域.

我们说集 z 中的点在平面上随机地分布,如果存在正数 λ,使对任一有限数 n,任一组不相交区域 D_1, $D_2,\cdots,D_n$,及任一组非负整数 $K_1,K_2,\cdots,K_n$,满足条件

$$\lim_{\alpha\to\infty} \frac{1}{4\alpha^2} \int_{-\alpha}^{\alpha} \int_{-\alpha}^{\alpha} \chi(a,b;z;K_1,K_2,\cdots,K_n;D_1,D_2,\cdots,$$

$$D_n)\,\mathrm{d}a\,\mathrm{d}b = \prod_{i=1}^{n} l^{-\lambda|D_i|} \frac{(\lambda|D_i|)^{K_i}}{K_i!} \qquad (119)$$

172

这里 χ 在满足条件

$$N[D_1(a,b)] = K_1$$
$$N[D_2(a,b)] = K_2$$
$$\vdots$$
$$N[D_n(a,b)] = K_n$$

的点 (a,b) 上取值 $\chi = 1$，在其他的点 (a,b) 上 $\chi = 0$. 又 $|D_i|$ 表区域 D_i 的平面测度（面积）.

由定义(119)可见，在平面上随机分布的点集是二维有效泊松流.

虽然集 z 在任一有限区域 D 内的点的任一排序，不影响条件(119)的满足，我们仍要直观地根据条件(119)的思想，创立一判定法，以判定在有限区域 D 内，z 的有限个点集是否随机分布. 例如，事先把区域 D 分为 n 个等面积的子域 $D_1, D_2, \cdots, D_n$（所谓事先分割是指这分割不依赖于 z 中的点在 D 中的位置）. 如果数 $N(D_1), N(D_2), \cdots, N(D_n)$ 显著地与分布为泊松的随机变数的 n 个独立实现（或说 n 个期待数）不同（这里的泊松分布的参数是 $\frac{1}{n} N(D)$，而 $N(D)$ 是落于 D 中的 z 集内的点数），那么抛弃"z 中的点是随机分布"的假定. 观察值与期待值间的离散度可用 χ^2 判别法来估计.

例如，S. Zubrzycki 运用这方法来研究星际是否构成链带形的问题. 为此他在天球上一球面正方形域（中心点的坐标 $\alpha = 23^h 23^m, \delta = +60°$，边长为 10）内找出 380 个星（星等高于 14^m）. 天文学家认为，这区域内的星显然有构成链带形的趋势. S. Zubrzycki 将此区域分为 400 个正方形，然后将两邻近的正方形联结而得

200 个长方形,最后又将两长方形联结而得 100 个正方形. 对每一分法他都计算了这一区域内星的观察个数与期待个数(设分布为泊松的). 实验结果登记在表 3 中. 对于每一分法,在直行中用 f_K 表观察到的恰含 K 个星的子域数,用 f_K' 表根据参数是 $\bar{K}$ 的泊松分布所算的这种区域的个数,计算值 $\chi^2 = A$ 及概率 $P_s(\chi^2 > A)$ (这里 s 是自由度数,它等于比较项的项数减 2)后,结果表示,不能抛弃原始假定:在这区域内是随机分布的.

不用在个别子域内观察数与期待数的比较法,H. Steinhaus 根据已知的事实:对泊松分布 $Ex = E(x - Ex)^2$,建议用另一方法. 他要求计算所谓凝结系数

$$L(n) = \frac{n}{n-1} \frac{\sum_{i=1}^{n} (K_i - \bar{K})^2}{\sum_{i=1}^{n} K_i}$$

其中 n 表子域数,K_i 表在第 i 个子域的点数,$\bar{K}$ 为在一个子域内平均点数.

当在个别子域内星的个数的分布重合于泊松分布时,系数 $L(n)$ 取值 1. 不等式 $L(n) > 1$ 表示在一子域内星数的方差大于泊松分布的方差. 这表示与泊松分布比较时,在观察到的分布中,星数接近于平均值 $\bar{K}$ 的子域出现得较少,而较多地出现的是星凝结得太密或星数不足的子域. 另一情况为 $L(n) < 1$,这时与泊松分布比较时,在一子域内星的个数更为稳定. 第一种后效 H. Steinhaus 称为星的吸引(如应用此法于其他个体,且以平面上点表这些个体时,则称为点的吸引),第二种后效称为星的(或点的)排斥.

174

表3

子域个数	400				200				100			
$k=$ 在一子域内星的平均数	0.95				1.90				3.80			
k	f_k	f'_k	$f_k-f'_k$	$\dfrac{(f_k-f'_k)^2}{f'_k}$	f_k	f'_k	$f_k-f'_k$	$\dfrac{(f_k-f'_k)^2}{f'_k}$	f_k	f'_k	$f_k-f'_k$	$\dfrac{(f_k-f'_k)^2}{f'_k}$
0	164	155.3	8.7	0.487	30	29.6	0.4	0.005	11	10.6	0.4	0.002
1	129	148.3	-19.3	2.510	60	56.5	3.5	0.217	16	16.0	0.0	0.000
2	77	70.8	6.2	0.543	48	53.9	-5.9	0.646	17	20.4	-3.4	0.566
3					32	34.4	-2.4	0.167	26	19.5	6.5	2.163
4									15	14.9	0.1	0.001
5	30	25.6	4.4	0.757	30	25.6	4.4	0.756				
6												
7									15	18.6	-3.6	0.698
8												
总共	400	400.0	0.0	4.297	200	200.0	0.0	1.791	100	100.0	0.0	3.430
	$P_2(\chi^2 > 4.3) = 0.12$				$P_3(\chi^2 > 1.8) = 0.62$				$P_4(\chi^2 > 3.4) = 0.50$			

175

表 3 将中心为 $\alpha = 23^{h}23^{m}, \delta = +60°$ 边长为 1° 的天空球面正方形, 等分为 $400, 200$ 与 100 子域时, 对高于 14^{m} 的星进行观察子域个数 (f_k) 与期望个数 (f_k') 的比较表见 Zubrzycki: O Iancuszkach gwiezdnych, Zastosowania Matematyki, Ⅰ (1954), 200.

如果后效是吸引的, $L(n)$ 作为 n 的函数, 起初随 n (子域个数) 上升而上升, 在某一点 n_0 到达极大后然后下降. 数 n_0 决定类别的平均个数与点间吸引的距离. 因为通常如有类别, 则点的吸引只在类别中起作用, 而类与类间则相互排斥. 对于这种研究, 子域的形状应取得不要太长, 当 n 上升时, 它的直径应按 $n^{-\frac{1}{2}}$ 的比例下降. 为此最好可用一列边长下降的六角形或正方形网.

但上述方法不能最好地符合要求, 因为它没有估计到天文学家所提出的是一种特殊的类别, 即星的链带. 因而需要特别的方法来判别是否有构成链带的趋势. Zubrzycki 根据弗罗茨瓦夫分类法创造了这种方法. 他在天球的观察域内画出联结全体星的枝形序. 这里用的距离是星际角距, 忽略球形的影响后角距就重合于平面上的毕德各拉距离, 这影响可以略去是因它对边为 1° 的球面正方形而言很小. 然后 S. Zubrzycki 在枝形序 $D(z)$ 中引进了每个星的等级的观念, 一个星的等级定义为在 $D(z)$ 中与该星直接相连的星的个数. 如果星有构成链带的趋势, 那么在 $D(z)$ 中二等星的个数应多于比随机分布的星所成的枝形序中的二等星数. 由于不会从理论上计算随机分布的点的枝形序中点的等级的分布, S. Zubrzycki 比较了星的等级的经验分布与随机分布点的等级的经验分布. 为此, 他在正方形中

造了 500 个随机点的分布图,每个点的三个坐标数取自随机数表. 对不同的天球区域重复这一实验,S. Zubrzycki 总是得到正面的肯定:星的等级分布与随机点所成枝形序中点的等级分布是一致的. S. Zubrzycki 还改变点的等级的定义,认为星的链带会更容易影响此量的分布,如果在它的定义中,只考虑第一类或第二类线段(见问题 7 中枝形序 $D(z)$ 的构造). 但各次试验都没有发现星的图与随机点的图间有本质差异. 由此只能肯定星的链带只存在于某些天文学家的幻想中.

这里我只用了星的链带的例子,说明如何利用这些方法来发现平面上点的类别,但我们还成功地运用这些方法到其他问题中去,例如这部分首段所提出的一些问题.

最后应指出我们虽只对平面上的点提出问题,但这些方法同样可用来研究 n 维空间的点集,为此只要在形式上稍微改变定义.

参 考 资 料

[1] S. Zubrzycki, O Iancuszkach gwiezdnych. Zastasowania Matematyki, 1(1954) ,197.

[2] E. Von Pahlen. Lehrbuch der stellarstatistik, Leipzig, 1937.

[3] H. Steinhaus. O wskazni'ku zgeszczenia rozproszonia, Przcglad geograficzny,21(1947).

[4] S. Kucharczyk, H. Szczepanowski. Optymalne poletho poszukiwan archeolsgicrnych, Zastosowania Matematyki,Ⅲ (1957).

〔5〕K. Floren，J. Lukaszewicz，J. Perkar，et al. S. Zubrzycki Sur la liaison et la division des points d'un eusamble fini，Colloquium Mathematicum，2(1951)．

9　电话总局最佳局址的选定

决定电话总局局址的问题化为要寻找点 Q，使对平面上已给的点 $p_1,p_2,\cdots,p_n$ 及已给的一组正数 $c_1,c_2,\cdots,c_n$，满足条件

$$\Phi(Q) = \sum_{i=1}^{n} c_i r_i = \text{minimum} \qquad (120)$$

这里 $r_i = \rho(Q,P_i)$ 是点 Q 与 P_i 间的距离.

如 Q 是电话总局局址，$p_1,p_2,\cdots,p_n$ 是电话分局局址，数 $c_1,c_2,\cdots,c_n$ 正比于把各分局与总局联起来的单位长电线的价值，则条件(120)表示：总局的最佳局址保证联结分局与总局的电线网的价值最小. 函数 $\Phi(Q)$ 连续，非负，且当点趋于无穷时 $\Phi(Q)$ 也趋于无穷. 于是满足条件(120)的点 Q 总存在. 这个点可用下面的静力类比来决定.

在城市地图上标出点 $p_1,p_2,\cdots,p_n$，将它贴于水平桌面上(图8)，在点 p_i 上钻一小孔，每孔用线穿过，每线在桌面下的一端系有小砝码，其重与 c_i 成比例，桌面上的一端共同系成一结，自由释放后，结就指出满足条件(120)的点 Q 的位置.

为证此，注意当各砝码的重心到达最低位置时，上述系统处于平衡状态. 设各线长(自结到砝码重心之长)均为 l. 则在桌面下之线长为 $l_i = l - r_i$，而整个砝码系统重心的高度为(高度自桌面起，沿垂直轴计算，轴的方向朝上)

$$L = -\frac{\sum\limits_{i=1}^{n} c_i l_i}{\sum\limits_{i=1}^{n} c_i} = -\frac{\sum\limits_{i=1}^{n} c_i(1 - r_i)}{\sum\limits_{i=1}^{n} c_i}$$

$$= \frac{\sum\limits_{i=1}^{n} c_i r_i}{\sum\limits_{i=1}^{n} c_i} - l = \frac{\Phi(Q)}{\sum\limits_{i=1}^{n} c_i} - l$$

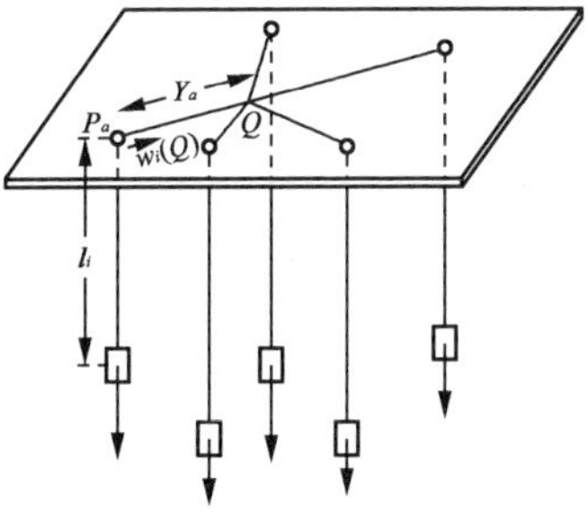

图8　用静力类比法决定电话总局最佳局址的模型

当结位于满足条件(120)的点 Q 时,它取极小.

运用静力类比法时,结可能位在某一小孔上或穿入此孔. 这表示最佳局址就是此孔所代表的某分局局址.

满足条件(120)的点 Q 称为"铜心". 上述静力类比法使我们得到铜心的性质如下:

如铜心 Q 不重合于任一点 P_i(分局局址),则 n 个力

$$\overrightarrow{W_i}(Q) = \frac{c_i}{r_i} \overrightarrow{QP_i} \quad (i = 1.2, \cdots, n)$$

所成的系统处于平衡,其中位于点 P_i 上的力 $\overrightarrow{W_i}(Q)$ 的方向为 $\overrightarrow{QP_i}$,长为 c_i. 但如铜心重合于某一 P_i,例如 P_n,

179

考虑 $n-1$ 个力

$$\vec{W}_i(Q) = \frac{c_i}{r_i}\overrightarrow{QP_i} = \frac{c_i}{r_i}\overrightarrow{P_nP_i} \quad (i=1,2,\cdots,n-1)$$

的和的反作用力,可见其长不超过 c_n.

由此性质可见,沿半直线 $OP_i\infty$ 任意改变分局局址时,铜心不变. 这说明某些技术人员提出的(见 Лянгеp 的书)方法,即把局址放在系统的重心上的方法不能用(这系统由带质量 c_i 的点 P_i 构成,其重心使函数 $\psi(Q) = \sum\limits_{i=1}^{n} c_i r_i^2$ 达到极小),因为沿诸半直线 $QP_i\infty$ 移动 P_i 时,可以任意改变重心,而铜心则不变.

在上述静力类比中,矢量

$$\vec{W}(Q) = \sum_{i=1}^{n} \vec{W}_i(Q) = \sum_{i=1}^{n} \frac{c_i}{r_i}\overrightarrow{QP_i}$$

是作用于在点 Q 处的结的力,而函数 $\Phi(Q) = \sum\limits_{i=1}^{n} c_i r_i$ (我们正要找它的极小)除差一符号外,与上述力场的势重合. 在平面上任选一坐标系统,得

$$\Phi(Q) = \Phi(x,y) = \sum_{i=1}^{n} c_i \sqrt{(x_i - x)^2 + (y_i - y)^2}$$

$$\tag{121}$$

$$\vec{W}(Q) = \vec{W}(x,y)$$
$$= \left[\sum_{i=1}^{n} \frac{c_i}{r_i}(x_i - x), \sum_{i=1}^{n} \frac{c_i}{r_i}(y_i - y) \right]$$
$$= \left[-\frac{\partial \Phi}{\partial x} - \frac{\partial \Phi}{\partial y} \right] \tag{122}$$

其中 x,y 是点 Q 的坐标,$x_i,y_i(i=1,2,\cdots,n)$ 是点 P_i 的坐标. 当 $Q = P_i(i=1,2,\cdots,n)$ 时,$r_i = 0$,$\vec{W}(Q)$ 不存

在,因为在这些点上偏导数$\dfrac{\partial \Phi}{\partial x}$,$\dfrac{\partial \Phi}{\partial y}$不存在.

式(121)右边和中的每一项是圆锥,其顶点朝下,函数$z = \Phi(x,y)$是这些圆锥的和,本身是一凸向下的曲面. 由此可得实用上甚重要的二推论.

(1)如点P_i不位于同一直线上,则存在一个且只一个铜心(这表示函数$\Phi(x,y)$有一个且只有一个极小). 如一切P_i均位在同一直线上,则存在一个铜心或这些铜心布满某一闭区间. 例如当只有两个分局P_1,P_2且$c_1 = c_2$时,闭区间$P_1 P_2$中每一点都是铜心. 关于这点不多讲,因它无实际意义.

(2)对每一常数c,等势线

$$\Phi(x,y) = c$$

是凸的.

由(121)可得决定铜心的方法. 如通过任一点$Q \neq P_i$作一直线$l(Q)$垂直于矢量$\vec{W}(Q)$,则铜心Q位于由直线$l(Q)$及矢量$\vec{W}(Q)$所决定的半平面内. 这是因为垂直于$\vec{W}(Q)$的直线$l(Q)$是通过点Q的等势线的切线. 但因等势线是凸的,其内部及函数$\Phi(x,y)$的极小(应读为:及使函数$\Phi(x,y)$达到极小的点——译者)位于切线的同一侧,这侧由矢量$\vec{W}(Q)$指出. 如$Q = P_K$,这性质仍正确,只需要计算矢量$\vec{W}(P_K)$时,抛去无意义的被加项$\vec{W}_K(P_K)$,但这时需记住,当$|\vec{W}(P_K)| \leqslant c_K$时,铜心重合于点$P_K$.

故求出矢量$\vec{W}(Q)$并对不同的Q画出直线$l(Q)$

后,我们可以一步步地缩小铜心所在的区域. 图 9 上表达了这些步骤. 在该图上标出了 38 个分局的位置. 在表示分局的点旁写上对应于该分局的数 c_i. 矢量 $\vec{W}(Q)$ 的坐标按(122)计算,利用图 9 上的倒数尺,距离的倒数 $\dfrac{1}{r_i}$ 直接自图中取得. 在点 $Q_1(0,0)$, $Q_2(-5,10)$, $Q_3(3,7)$ 上找出矢量 $\vec{W}(Q)$ 后,我们得到三直线 l_1, l_2, l_3,它们构成三角形 ABC,其中包含铜心. 考虑三角形 ABC 的重心 $Q_4(-4,4)$ 后,得到四角形 $ADEC$,再考虑此四角形的重心 $Q_5(-1,6)$,得到更小的四角形 $CFGE$. 这里作为下一点 Q_{i+1},我们总是取凸形的重心,在这凸形中,按以前的估计结果一定包含铜心,这种取法可保证下一凸形域的面积不大于上凸形域面积的 $\dfrac{5}{9}$(因凸形有性质:每一通过凸形重心的直线将它几乎分为两等分,并且两块面积之比不小于 $4:5$). 在图 9 的例子中经过五步以后,得知铜心位于四角形 $CFGE$ 内. 现在利用向下凸的曲面总是位在切面之上这一事实,我们可以估计 $\Phi_{\min}$,例如在点 $Q_5(-1,6)$ 上有

$$|\vec{W}(Q_5)| = 4.9, \Phi(Q_5) = 4\ 940$$

但因曲面 $z = \Phi(x,y)$ 在点 Q_5 上的切面沿矢量 $\vec{W}(Q_5)$ 的方向有最大的倾斜度,而四角形 $CFGE$ 在这方向的宽度是 $s = 6.5$,故

$$\Phi(Q_5) \quad s|\vec{W}(Q_5)| < \Phi_{\min} < \Phi(Q_5)$$

代以数值后得

$$4\ 908 < \Phi_{\min} < 4\ 940$$

因之,无论取 $CFGE$ 中哪一点作为局址,我们已经逼近于电线网的最小价值,且相对误差不超过 0.7%.

再来看条件 (120). 除在点 P_i 外,函数 $\Phi(x,y)$ 有连续偏导数,如铜心不与任一 P_i 重合,则其坐标 (x,y) 满足方程

$$\frac{\partial \Phi(x,y)}{\partial x} = -\sum_{i=1}^{n} \frac{c_i}{r_i}(x_i - x) = 0$$

$$\frac{\partial \Phi(x,y)}{\partial y} = -\sum_{i=1}^{n} \frac{c_i}{r_i}(y_i - y) = 0 \qquad (123)$$

我们不会求方程组 (123) 的精确解,但可用下述累次逼近法:

由观察任取点 $Q^{(0)}$ 作为铜心的 0 次逼近,在方程 (123) 中以 $r_i^{(0)} = |\overrightarrow{Q^{(0)}P_i}|$ 代未知距离 r_i. 因之方程 (123) 化为线性方程,取其解 $x^{(1)}, y^{(1)}$ 作为铜心的下一次逼近. 类似地求出其他的逼近. 容易验证,如 $(x^{(K)}, y^{(K)})$ 表第 K 次逼近 $Q^{(K)}$ 的坐标,则第 $K+1$ 次逼近 $Q^{(K+1)}$ 的坐标 $x^{(K+1)}, y^{(K+1)}$ 为

$$x^{(K+1)} = \frac{\sum_{i=1}^{n} \dfrac{c_i x_i}{r_i^{(K)}}}{\sum_{i=1}^{n} \dfrac{c_i}{r_i^{(K)}}}, y^{(K+1)} = \frac{\sum_{i=1}^{n} \dfrac{c_i y_i}{r_i^{(K)}}}{\sum_{i=1}^{n} \dfrac{c_i}{r_i^{(K)}}} \qquad (124)$$

我们不会证明,由公式 (124) 所决定的逼近点收敛于铜心. 但几次运用这方法收敛性总是成立,甚至当铜心重合于某一 P_i,即当方程组 (123) 无意义时,也是如此. 在图 9 上,取点 $Q^{(0)}(0;0)$ 为 0 次逼近,然后得到

其余的逼近点 $Q^{(1)}(-0.7;3.2)$，$Q^{(2)}(-0.7;4.5)$有

$$\Phi(Q^{(0)}) = 5\ 110, \Phi(Q^{(1)}) = 4\ 970, \Phi(Q^{(2)}) = 4\ 950$$

这些点已在图 9 给出.

解决最佳电话总局局址的问题时,条件(120)中距离 $r_i = \rho(Q, P_i)$ 定义为平面上毕德各拉距离

$$\rho(Q, P_i) = \sqrt{(x_i - x)^2 + (y_i - y)^2} \qquad (125)$$

但在实际问题中,取其他距离 $\rho(Q, P_i)$ 的定义,仍有意义,例如

$$\rho(Q, P_i) = |x_i - x| + |y_i - y| \qquad (126)$$

如果城市的街道系统是垂直的,而且技术条件只容许沿街道架线,那么就该采用上式中的距离定义.

如在条件(120)中,距离 $r_i = \rho(Q, P_i)$ 由(126)表达,则决定最佳电话总局局址问题化为要个别地决定坐标 x 及 y,因为函数 $\Phi(x, y)$ 这时化为

$$\Phi(x, y) = \sum_{i=1}^{n} c_i |x_i - x| + \sum_{i=1}^{n} c_i |y_i - y| \quad (127)$$

所以 $\Phi(x, y)$ 的极小可由求式(127)右方两项各自的极小而找到. 容易看出,如果 x 为带权 $c_1, c_2, \cdots, c_n$ 的 $x_1, x_2, \cdots, x_n$ 的中数,y 为带权 $c_1, c_2, \cdots, c_n$ 的 $y_1, y_2, \cdots, y_n$ 的中数时,那么函数取极小.

到现在为止,在上述讨论中都假定分局局址已知,但实际中常发生更复杂的问题,即已知个别电话用户的地址,而需要同时决定总局与 n 个分局的局址. 在这问题的各种提法中,我这里只叙述一个,它是最广泛的.

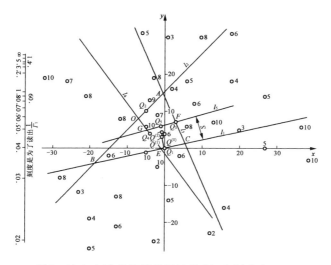

图 9　决定电话总局最佳局址的例,此例取自 J. Lukasze-wicz, H. Steinhaus, O Wyznacraniu srodka miedzi telefonicznej, lastasowania Matematyki, 1(1954).

设已给平面上 N 个点 $\pi_1,\pi_2,\cdots,\pi_N$ 的集 z,对每一点都配有一正数 $r_1,r_2,\cdots,r_N$. 要找的是将 z 分为 n 个子集 $z_1,z_2,\cdots,z_n$ 的分割,并要找 $n+1$ 个点 $Q,P_1,P_2,\cdots,P_n$,使函数

$$\Phi(Q,P_1,P_2,\cdots,P_n;z_1,z_2,\cdots,z_n) \qquad (128)$$

$$= \sum_{i=1}^{n} c_i\rho(Q,P_i) + \sum_{i=1}^{n}\sum_{\pi_j\in z_i} r_i\rho(P_i,\pi_j)$$

(这里正量 c_i 是属于集 z_i 的诸点 π_j 所对应的权 r_j 的已知函数)到达极小.

这问题可用电话来解释. 点 π_j 表个别电话用户(或第二类的电话分局),它的位置认为已知,这用户与某分局 P_i 联结的单位长电线的价值 r_j 也已知. 分局

又需用电线与总局 Q 联结. 这电线的单位长价值 c_i 是某些 r_j 的已知函数, 这些 r_j 是分局 P_i 与其用户 π_j 间的连线的单位长价值. 函数 (128) 定出整个线路网的价值, 问题在于要求出总局及 n 个分局的最佳地址 Q 及 P_i, 以使线路网的价值极小.

我们不知道这问题的精确解, 只提出下面的逐步逼近法. 由观察任取一点 $Q^{(0)}$ 及集 z 的任一分为 n 份的分割 $z_1^{(0)}, z_2^{(0)}, \cdots, z_n^{(0)}$ 作为解的零次逼近. 然后对每一子集 $z_i^{(0)}$ 求出其中带权 $r_{i,1}, r_{i,2}, \cdots, r_{i,n_i}$ 的点 $\pi_{i,1}$, $\pi_{i,2}, \cdots, \pi_{i,n_i}$ 的铜心, 把这铜心取为分局局址 $P_i^{(1)}, P_i^{(1)}$ 的权为 $c_i^{(0)} = f(r_{i,1}, r_{i,2}, \cdots, r_{i,n_i})$ 然后算出权为 $c_i^{(0)}$ 的分局位置 $P_i^{(1)}$ 的铜心 $Q^{(1)}$, 并取此铜心作为总局位置的第一次逼近. 最后把每一点 π_j 与其最邻近的分局 $P_i^{(1)}$ 相连, 于是得到分集 z 为 n 个子集 $z_1^{(1)}, z_2^{(1)}, \cdots, z_n^{(1)}$ 的分割, 以这分割为所求分割第一次逼近. 于是完成了第一步逼近.

我们不知道, 用这种手续造出的逼近法何时收敛于问题的最佳解. 从每一步向下一步过渡时, 对函数 (128) 的观察可检查此法可否应用. 我们相信在具体问题中, 用上述逐步逼近法应该得到满意的结果. 只在几个臆造的例中, 我们试用了这方法, 得到了令人满意的收敛性.

参 考 资 料

[1] M. Langer. Studien über Aufgaben der Fernsprechtechnik, 1936.

[2] H. Dietrich. Zagadnienie najwlasciwszego usytnowania miejskiej centrali telefonicznej, Przeglad Tele-

komunikacyjny, 19(25)(1952).

[3] J. Lukaszewicz, H. Steinhaus. O wyznaczaniu srodka miedzi sieci telefonicznej, Zastosowania Matematyki, 1(1954),299.

10 关于个体(看成 n 维空间的点) 集合的几个注意

再来研究个体 $A_1, A_2, \cdots, A_N$ 所成的集 Z,它可看成 n 维空间的点集. 令每一点的坐标 $A_i(c_{i1}, c_{i2}, \cdots, c_{in})$, $i = 1, 2, \cdots, N$,为个体 A_i 的 n 个量度标志 $c_1, c_2, \cdots, c_N$ 的测量结果. 因此,全部观察的结果构成矩阵

$$c = \begin{pmatrix} c_{11} c_{12} \cdots c_{1n} \\ c_{21} c_{22} \cdots c_{2n} \\ \cdots\cdots\cdots\cdots \\ c_{N1} c_{N2} \cdots c_{Nn} \end{pmatrix} \qquad (129)$$

其中每一横行对应于集 Z 中一个体,而每一直行对应于一标志. 如果两个体 A_i, A_j 满足条件

$$\frac{c_{i1}}{c_{j1}} = \frac{c_{i2}}{c_{j2}} = \cdots = \frac{c_{in}}{c_{jn}} \qquad (130)$$

我们就说 A_i, A_j 几何相似. 条件(130)表示,n 维空间中的点 A_i, A_j 位在通过坐标原点的同一直线上. 在实验科学中,各种指标定义为某些标志的比(例如人脸的测量指标等于脸宽与脸长之比),这些标志是几何相似的不变数,但弗罗茨瓦夫的数学家 J. Perkal,经过长期与生物学者合作以后,发现几何相似与生物学上的个体相似的直觉概念并不符合,因而引进了生物相似的新观念. 设 $\sigma_i (i = 1, 2, \cdots, n)$ 为标志 c_i 相对全部

个体而言的平均二次离差.

$$\sigma_i = \sqrt{\frac{1}{N}\sum_{l=1}^{N}(c_{l_i} - \bar{c}_i)^2} \qquad (131)$$

其中 $\bar{c}_i = \frac{1}{N}\sum_{l=1}^{N} c_{l_i}$ 是标志 c_i 的算术平均值. 根据 J. Perkal 的定义, 个体 A_i, A_j 如满足条件

$$\frac{c_{i1} - c_{j1}}{\sigma_1} = \frac{c_{i2} - c_{j2}}{\sigma_2} = \cdots = \frac{c_{in} - c_{jn}}{\sigma_n} \qquad (132)$$

则称 A_i, A_j 为生物相似. 条件(132)表示矢量 $\overrightarrow{A_j A_i}$ 平行于矢量 $\boldsymbol{\sigma}(\sigma_1, \sigma_2, \cdots, \sigma_n)$. 常常不考虑矩阵(129)而考虑矩阵

$$\boldsymbol{\Gamma} = \begin{pmatrix} \gamma_{11}\gamma_{12}\cdots\gamma_{1n} \\ \gamma_{21}\gamma_{22}\cdots\gamma_{2n} \\ \cdots\ \cdots\ \cdots\ \cdots \\ \gamma_{N1}\gamma_{N2}\cdots\gamma_{Nn} \end{pmatrix} \qquad (133)$$

其中元 γ_{il} 系由(129)中之元经过规范化而得(使每标志的平均值为 0, 平均二次离差为 1)

$$\gamma_{ij} = \frac{c_{ij} - \bar{c}_j}{\sigma_j} \quad (i = 1, 2, \cdots, N; j = 1, 2, \cdots, n)$$

采用记号(133)后, 使个体 A_i, A_j 生物相似的条件(132)化为

$$\gamma_{i1} - \gamma_{j1} = \gamma_{i2} - \gamma_{j2} = \cdots = \gamma_{in} - \gamma_{jn} \qquad (134)$$

但 J. Perkal 建议根据整个集 Z 来描述个体 A_i, 即计算所谓测量指标矩阵, 或如我们已习惯说的, J. Perkal 指标矩阵

188

$$P = \begin{pmatrix} P_{11} P_{12} \cdots P_{1n} \\ P_{21} P_{22} \cdots P_{2n} \\ \cdots \cdots \cdots \cdots \\ P_{N1} P_{N2} \cdots P_{Nn} \end{pmatrix} \qquad (135)$$

其中

$$P_{ij} = \gamma_{ij} - \frac{1}{n} \sum_{l=1}^{n} \gamma_{il} \qquad (136)$$

这表示已将矩阵(133)的每一横行规范化,以使其平均值为 0,容易证明 J. Perkal 的各指标是个体生物相似的不变数,因而两个生物相似的个体 A_i, A_j 有相同的 Perkal 指标. 由条件(134)及公式(136)得等式

$$P_{i1} = P_{j1}, P_{i2} = P_{j2}, \cdots, P_{in} = P_{jn}$$

式(136)中的被减数

$$m_i = \frac{1}{n} \sum_{l=1}^{n} \gamma_{il}$$

可称为个体 A_i 的数值,因为它是此个体各标志对此标志关于集 Z 的平均值的平均离差. 但 Perkal 指标指出:是什么标志特别把该个体区分开来,至今我们尚未研究标志 $c_1, c_2, \cdots, c_n$ 在个体集合 Z 上是否相关.

我们说标志是相关的,如在对称矩阵

$$S = \begin{pmatrix} \sigma_{11} \sigma_{12} \cdots \sigma_{1n} \\ \sigma_{21} \sigma_{22} \cdots \sigma_{2n} \\ \cdots \cdots \cdots \cdots \\ \sigma_{n1} \sigma_{n2} \cdots \sigma_{nn} \end{pmatrix} \qquad (137)$$

中,非对角线上的元 σ_{ij} 不完全为 0,这里二级中心矩 E_{ij} 定义为

$$\sigma_{ij} = \frac{1}{N} \sum_{l=1}^{N} (c_{li} - \bar{c}_i)(c_{lj} - \bar{c}_j) \quad (i,j = 1,2,\cdots,n)$$

$$(138)$$

（如 $i = j$，则 $\sigma_{ii} = \sigma_i^2$，σ_i 是由公式（131）定出）. 因在许多实际问题中，最好用不相关的标志来刻画个体，故可提出如下问题：试求 n 维空间坐标系的一线性变换，使在新坐标系中，新坐标（我们认为这就是个体的新标志）是不相关的. 容易证明，这一变换由下式定出

$$k_{ij} = \alpha_{1j}(c_{i1} - \bar{c}_1) + \alpha_{2j}(c_{i2} - \bar{c}_2) + \cdots + \alpha_{nj}(c_{in} - \bar{c}_n)$$

$$（139）$$

$$(i = 1, 2, \cdots, N; j = 1, 2, \cdots, n)$$

其中系数 $\alpha_{lj}(l = 1, 2, \cdots, n)$ 是新坐标系中第 j 个坐标轴的方向余弦，可由下齐次线性方程组

$$(\sigma_{11} - \lambda_j)\alpha_{1j} + \sigma_{12}\alpha_{2j} + \cdots + \sigma_{1n}\alpha_{nj} = 0$$
$$\sigma_{21}\alpha_{1j} + (\sigma_{22} - \lambda_j)\alpha_{2j} + \cdots + \sigma_{2n}\alpha_{nj} = 0$$
$$\vdots$$

$$\sigma_{n1}\sigma_{1j} + \sigma_{n2}\alpha_{2j} + \cdots + (\sigma_{nn} - \lambda_j)\alpha_{nj} = 0 \quad (j = 1, 2, \cdots, n)$$

$$（139）'$$

在附加条件

$$\alpha_{1j}^2 + \alpha_{2j}^2 + \cdots + \alpha_{nj}^2 = 1 \quad (j = 1, 2, \cdots, n)$$

下解出. 方程组（139）′中的数 $\lambda_j(j = 1, 2, \cdots, n)$ 是下面方程

$$\begin{vmatrix} \sigma_{11} - \lambda & \sigma_{12} & \cdots & \sigma_{1n} \\ \sigma_{21} & \sigma_{22} - \lambda & \cdots & \sigma_{2n} \\ \cdots & \cdots & \cdots & \cdots \\ \sigma_{n1} & \sigma_{n2} & \cdots & \sigma_{nn} - \lambda \end{vmatrix} = 0 \qquad （140）$$

的根. 个体 $A_1, A_2, \cdots, A_N$ 的新标志 $K_1, K_2, \cdots, K_n$ 的值 $K_{ij}(i = 1, 2, \cdots, N; j = 1, 2, \cdots, n)$ 按公式（140）计算，新标志的二级中心矩矩阵为

$$R = \begin{pmatrix} \lambda_1 & 0 & \cdots & 0 \\ 0 & \lambda_2 & \cdots & 0 \\ \cdots & \cdots & \cdots & \cdots \\ 0 & 0 & \cdots & \lambda_n \end{pmatrix}$$

从而可见这些标志不相关.

如 λ_1 是方程(140)的最大根,则轴 K_1 称为标志 $c_1, c_2, \cdots, c_n$ 所构成的 n 维空间的 Z 集轴. 集轴有下列性质:集 Z 中全体点与直线 l 距离的平方和,当 l 重合于 Z 集轴时达到极小. J. Perkal 还给出了集 Z 的个体相似的另一定义:如果矢量 $\overrightarrow{A_i A_j}$ 平行于集轴,那么说 $A_i, A_j V$ – 相似.

J. Perkal 在各实际问题中,成功地研究了不相关的标志. 例如一定年龄的小孩的集 Z,由两个标志决定: $c_1 = $ 身长; $c_2 = $ 体重; 对它可以找到不相关的标志 K_1, K_2, 它们的生物学解释为发育与失常. 在运用此法的另一例中,我们观察一定年龄的某种树木所成的 N 个森林,观察结果构成集 Z. 这里测量了两个相关的标志: 在该森林中树木的平均高度与平均粗度(距地面 130 cm 的树干直径). 这时不相关的标志由林业工作者解释为整齐性与环境的影响.

参 考 资 料

[1] J. Perkal. O Pewnych korelacjach obszarowych, časopis pro pěstowania matematyki a fysiki, 75, 1949.

[2] J. Perkal. O wskaźnikach antropologicznych Przeglad Antropologiczny, 19(1953).

[3] T. K. Nowakowski, J. Perkal. Nowe metody badania zaleznosci miedzy wzrostem, waga a wielkiem

mlodzieży, Przeglad Antropologiczny, 18(1952).

[4] J. Perkal, J. Battek. Proba oceny rozwojk drze-wictanow Sylwan, 49, 1955.

11　关于地质矿藏参数的估计

在这里,我们假定研究的对象是某一地质参数,例如煤矿的厚度或地面某一点下锌矿的纯锌含量. 以符号 $y(p)$ 记此参数,p 为某平面区域 D 内的点. 设 $y(p)$ 是平面上点的平稳迷向随机过程,有不变的数学期望

$$E[y(p)] = m \quad (p \in D) \tag{141}$$

及不变的方差

$$E[y(p) - m]^2 = S^2 \quad (p \in D) \tag{142}$$

它的相关函数只依赖于点 p_1, p_2 间的毕德各拉距离 $d(p_1, p_2)$

$$R\{y(p_1), y(p_2)\} = \frac{1}{S^2} E\{[y(p_1) - m][y(p_2) - m]\}$$

$$= f(d(p_1, p_2)) \tag{143}$$

其中

$$p_1 \in D, p_2 \in D$$

我们的问题是要求在区域 D 中,参数 $y(p)$ 的平均值 η

$$\eta = \eta(D) = \frac{1}{|D|} \iint_D y(p) \, \mathrm{d}p \tag{144}$$

($|D|$ 表区域 D 的面积,$\mathrm{d}p$ 表面积的微分)或积分

$$Y = Y(D) = \iint_D y(p) \, \mathrm{d}p \tag{145}$$

的最佳估值,当然,这时要假定我们已知区域 D 中若干点 $p_1, p_2, \cdots, p_k$ 上参数的值

$$y_1 = y(p_1), y_2 = y(p_2), \cdots, y_k = y(p_k)$$

这是地质学中主要问题之一. 不少的学者给出了

积分（145）或积分平均值的各种估值方法. 例如 Смирнов 有八个不同的解,其中有已知值 $y_1, y_2, \cdots, y_k$ 的数学平均值与几何平均值. 这里我只叙述弗罗茨瓦夫数学家 S. Zubrzycki 的一些结果,他用随机过程中的术语提出这一问题并得到了一些有趣的结果.

　　假定我们已知由公式（141）（142）及（143）定义的参数 m, s 及相关函数 $f(d)$,容易求出由公式（145）所定义的积分 Y 的下列估值.

　　（Ⅰ）S. Zubrzycki 的最一般的估值 $\hat{Y}_1$ 由线性函数定义

$$\hat{Y}_1 = c_0 + c_1 y_1 + \cdots + c_k y_k \tag{146}$$

它满足条件

$$
\begin{aligned}
S_1^2 &= E(c_0 + c_1 y_1 + \cdots + c_k y_k - Y)^2 \\
&= \min_{r_0, r_1, \cdots, r_n} E(r_0 + r_1 y_1 + \cdots + r_k y_k - Y)^2
\end{aligned} \tag{147}
$$

S_1 称为估值 1 的误差.

　　公式（146）中系数 $c_1, c_2, \cdots, c_k$ 可由解下列方程式组而得

$$
\begin{aligned}
w(y_1, y_1) c_1 + \cdots + w(y_1, y_k) c_k &= w(y_1, Y) \\
w(y_2, y_1) c_1 + \cdots + w(y_2, y_k) c_k &= w(y_2, Y) \\
&\vdots \\
w(y_k, y_1) c_1 + \cdots + w(y_k, y_k) c_k &= w(y_k, Y)
\end{aligned} \tag{148}
$$

而常数 c_0 则由方程

$$c_0 + c_1 E(y_1) + \cdots + c_k E(y_k) = E(Y) \tag{149}$$

决定. 方程（148）中 $w(x, y)$ 为数学期望 $E[(x - Ex)(y - Ey)]$,它是随机变数的二级混合中心矩. 这里它可由下面公式计算

$$w(y_i, y_l) = s^2 f[d(p_i, p_j)] \quad (i, j = 1, 2, \cdots, k)$$

$$(150)$$

（当 $i = j$ 时得 $w(y_i, y_i) = s^2$，此因 $d(p_i, p_i) = 0$ 而相关函数有性质 $f(0) = 1$）及

$$w(y_i, Y) = \iint_D w[y_i, y(p)] \mathrm{d}p$$

$$= s^2 \iint_D f[d(p_i, p)] \mathrm{d}p \quad (i = 1, 2, \cdots, k)$$

$$(151)$$

注意要决定系数 $c_0, c_1, \cdots, c_k$ 不必要知道方差 s^2，因为可以 s^2 除(148)之两边而消去 s^2。估值 $\hat{Y}_1$ 之误差 S_1 可按下式计算

$$S_1^2(D; p_1, \cdots, p_k)$$

$$= \frac{\begin{vmatrix} w(y_1, y_1) & \cdots & w(y_1, y_k) & w(y_1, Y) \\ \cdots & \cdots & \cdots & \cdots \\ w(y_k, y_1) & \cdots & w(y_k, y_k) & w(y_k, Y) \\ w(Y, y_1) & \cdots & w(Y, y_k) & w(Y, Y) \end{vmatrix}}{\begin{vmatrix} w(y_1, y_1) & \cdots & w(y_1, y_k) \\ \cdots & \cdots & \cdots \\ w(y_k, y_1) & \cdots & w(y_k, y_k) \end{vmatrix}};$$

$$(152)$$

其中

$$w(Y, Y) = \iint_D \left\{ \iint_D w(p, q) \mathrm{d}p \right\} \mathrm{d}q$$

$$= s^2 \iint_D \left\{ \iint_D f[d(p, q)] \mathrm{d}p \right\} \mathrm{d}q$$

（Ⅱ）S. Zubrzycki 的另一估值为 $\hat{Y}_{\mathrm{II}}$，由下面齐次线性函数定义

$$\hat{Y}_{\mathrm{II}} = c_1 y_1 + \cdots + c_k y_k \qquad (153)$$

并满足条件

$$s_{\mathrm{II}}^2 = E(c_1 y_1 + \cdots + c_k y_k - Y)^2$$

$$= \min_{r_1,\cdots,r_n} E(r_1 y_1 + \cdots + r_k y_k - Y)^2 \qquad (154)$$

s_{II} 称为估值 $\hat{Y}_{\mathrm{II}}$ 的误差.

（153）中的系数 $c_1, c_2, \cdots, c_k$ 是以下方程组的解

$$c_1 E(y_1 y_1) + c_2 E(y_1 y_2) + \cdots + c_k E(y_1 y_k) = E(y_1, Y)$$

$$c_1 E(y_2 y_1) + c_2 E(y_2 y_2) + \cdots + c_k E(y_2 y_k) = E(y_2 Y)$$

$$\vdots$$

$$c_1 E(y_k y_1) + c_2 E(y_k y_2) + \cdots + c_k E(y_k y_k) = E(y_k Y)$$

$$(155)$$

这里,积 $y_i y_j$ 的数学期望及 $E(y_i Y)$ 由下式计算:

$$E(y_i y_j) = w(y_i, y_j) + E(y_i) E(y_j)$$

$$= s^2 f[d(p_i, p_j)] + m^2 \quad (i,j = 1,2,\cdots,k)$$

$$(156)$$

$$E(y_i Y) = w(y_i Y) + E(y_i) E(Y)$$

$$= s^2 \iint_D f[d(p_i, p)] \mathrm{d}p - m^2 |D| \qquad (157)$$

因为容易看出 $E(Y) = m|D|$,要完全决定（153）中的系数 $c_1, c_2, \cdots, c_k$,只需要知道相关函数 $f(d)$ 及地质参数的数学期望对其平均二次离差的比 $\dfrac{m}{s}$.

估值 $\hat{Y}_{\mathrm{II}}$ 的误差 S_{II} 可按下式求出

$$S_{\mathrm{II}}^2(D; p_1, \cdots, p_k)$$

$$= \begin{vmatrix} E(y_1 y_2) & \cdots & E(y_1 y_k) & E(y_1 Y) \\ \cdots & \cdots & \cdots & \cdots \\ E(y_k y_1) & \cdots & E(y_k y_k) & E(y_k Y) \\ E(Y y_1) & \cdots & E(Y y_k) & E(YY) \end{vmatrix} :$$

$$\begin{vmatrix} E(y_1 y_2) & \cdots & E(y_1 y_k) \\ \cdots & \cdots & \cdots \\ E(y_k y_1) & \cdots & E(y_k y_k) \end{vmatrix} \qquad (158)$$

（Ⅲ）估值 $\hat{Y}_{\text{Ⅲ}}$ 也是 $y_1, y_2, \cdots, y_k$ 的齐次线性函数

$$\hat{Y}_{\text{Ⅲ}} = c_1 y_1 + c_2 y_2 + \cdots + c_k y_k \qquad (159)$$

但满足两条件. 第一, 要求估值 $\hat{Y}_{\text{Ⅲ}}$ 是 Y 的无偏估值, 即

$$E(\hat{Y}_{\text{Ⅲ}}) = E(c_1 y_1 + c_2 y_2 + \cdots + c_k y_k) = E(Y) = m|D|$$
$$(160)$$

其次要求估值 $\hat{Y}_{\text{Ⅲ}}$ 的误差 $S_{\text{Ⅲ}}$ 在所有由 $y_1, y_2, \cdots, y_k$ 所给出的齐次线性无偏估值中到达极小, 即

$$S_{\text{Ⅲ}}^2 = E(c_1 y_1 + c_2 y_2 + \cdots + c_k y_k - Y)^2 =$$
$$\min_{r_1, r_2, \cdots, r_k} E(r_1 y_1 + r_2 y_2 + \cdots + r_k y_k - Y)^2 \qquad (161)$$
$$E(r_1 y_1 + r_2 y_2 + \cdots + r_k y_k) = E(Y)$$

（159）中的系数 $c_1, c_2, \cdots, c_k$ 可用拉格朗日未定因子法求出. 运用此方法稍经变换后决定 $c_1, c_2, \cdots, c_k$ 的方程化为

$$c_1 w(y_1, y_1) + c_2 w(y_1, y_2) + \cdots + c_k w(y_1, y_k) + \lambda = w(y_1, Y)$$
$$c_1 w(y_2, y_1) + c_2 w(y_2, y_2) + \cdots + c_k w(y_2, y_k) + \lambda = w(y_2, Y)$$
$$\vdots$$
$$c_1 w(y_k, y_1) + c_2 w(y_k, y_2) + \cdots + c_k w(y_k, y_k) + \lambda = w(y_k, Y)$$
$$(162)$$

$$c_1 + c_2 + \cdots + c_k = |D|$$

由方程（163）及公式（150）（151）, 可见要决定式（159）中的系数 $c_1, c_2, \cdots, c_k$, 只需知道相关函数 $f(d)$

估值 $\hat{Y}_{\text{Ⅲ}}$ 的误差 $S_{\text{Ⅲ}}$ 为

$$S_{\mathbb{III}}^2(D;p_1,p_2,\cdots,p_k) =$$
$$c_1\{c_1 w(y_1,y_1) + c_2 w(y_1,y_2) + \cdots + c_k w(y_1,y_k) -$$
$$w(y_1,Y)\} + c_2\{c_1 w(y_2,y_1) + c_2 w(y_2,y_2) + \cdots +$$
$$c_k w(y_2,y_k) - w(y_2,Y)\} + \cdots +$$
$$c_k\{c_1 w(y_k,y_1) + c_2 w(y_k,y_2) + \cdots +$$
$$c_k w(y_k,y_k) - w(y_k Y)\} -$$
$$\{w(Y,y_1) + w(Y,y_2) + \cdots + w(Y,y_k) - w(Y,Y)\} =$$
$$-\lambda|D| - \{w(Y,y_1) + w(Y,y_2) + \cdots +$$
$$w(Y,y_k) - w(YY)\} \tag{163}$$

（Ⅳ）第四个估值 $\hat{Y}_{\mathbb{N}}$ 也是 $y_1,y_2,\cdots,y_k$ 的齐次线性函数,但所有系数相同,即

$$\hat{Y}_{\mathbb{N}} = cy_1 + cy_2 + \cdots + cy_k \tag{164}$$

此外还要求估值 $\hat{Y}_{\mathbb{N}}$ 满足条件

$$E(\hat{Y}_{\mathbb{N}}) = E(cy_1 + cy_2 + \cdots + cy_k) = E(Y) \tag{165}$$

条件(165)等价于要求估值 $\hat{Y}_{\mathbb{N}}$ 的误差 $S_{\mathbb{N}}$ 极小,即

$$S_{\mathbb{N}}^2 = E(cy_1 + cy_2 + \cdots + cy_k - Y)^2$$
$$= \min_r E(ry_1 + ry_2 + \cdots + ry_k - Y)^2 \tag{166}$$

或(164)中的 c 由条件(165)易算得为

$$c = \frac{1}{k}|D| \tag{167}$$

而误差 $S_{\mathbb{N}}$ 为

$$S_{\mathbb{N}}^2(D,p_1,p_2,\cdots,p_k)$$
$$= c^2 \sum_{i=1}^{k}\sum_{j=1}^{k} E(y_i y_j) - c\sum_{i=1}^{k} E(y_i Y) + E(YY) \tag{168}$$

估值 $S_{\mathbb{N}}$ 称为算术平均值,因为由它可得 η（参看

（144））的估值为观察值 $y_1, y_2, \cdots, y_k$ 的算术平均值.

（Ⅴ）最后 S. Zubrzycki 考虑了估值 $\hat{Y}_\mathrm{V}$，它完全不利用观察的结果，即

$$\hat{Y}_\mathrm{V} = c \qquad (169)$$

由误差 S_V 最小条件得

$$S_\mathrm{V}^2(D) = E(c - Y)^2 = \min_r E(r - Y)^2 \qquad (170)$$

易求出

$$c = E(Y) = m \,|\, D \,|\, , S_\mathrm{V}^2 = E(E(Y) - Y)^2 = w(Y, Y) \qquad (171)$$

由估值 $\hat{Y}_\mathrm{I}, \hat{Y}_\mathrm{II}, \hat{Y}_\mathrm{III}, \hat{Y}_\mathrm{IV}$ 及 $\hat{Y}_\mathrm{V}$ 的定义，它们的误差满足不等式

$$S_\mathrm{I} \leqslant S_\mathrm{II} \leqslant S_\mathrm{III} \leqslant S_\mathrm{IV} \ 及 \ S_\mathrm{I} \leqslant S_\mathrm{V} \qquad (172)$$

在实际中，在点 $p_i (i = 1, 2, \cdots, k)$ 所观察到的，常常不是未知参数的精确值 y_i，而是某一数 y_i^*，由于不可避免的测量误差，它不等于 y_i

$$y_i^* = y_i + \varepsilon_i (i = 1, 2, \cdots, k) \qquad (173)$$

关于误差 $\varepsilon_1, \varepsilon_2, \cdots, \varepsilon_k$，我们假定它们是随机变量，数学期望为 0，方差为 S'^2，而且相互独立，也不依赖于随机变量 $y_1, y_2, \cdots, y_k$. 在这些假定下，根据在点 $p_1, p_2, \cdots, p_k$ 的观察值 $y_1^*, y_2^*, \cdots, y_k^*$，已知特征 $E(y_i^*) = m^*$，$E(y_i^* - m^*)^2 = S^{*2}$ 及相关函数 $\dfrac{1}{S^{*2}} E\{[y^*(p_1) - m^*][y^*(p) - m^*] = f^*[d(p_1, p)]\}$ 来研究未知量（144）或（145）. 为此，先来研究具有误差的测量的特征 m^*, S^{*2} 及 $f^*(d)$ 与未知参数精确测量的特征 m, s^2 及 $f(d)$ 间的关系.

由假定测量误差 ε_i 的数学期望为 0 得

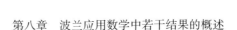

$$m^* = m \qquad (174)$$

由于误差 ε 与在任一点 p 上的参数 y 值独立, 有

$$S^{*2} = S^2 + S'^2 \qquad (175)$$

利用误差 ε 与参数值的独立性及不同的观察所得的误差的相互独立性得

$$w(y_i^*, y_j^*) = E\left[(y_i^* - E(y_i^*))(y_j^* - E(y_j^*))\right]$$
$$= E\left\{\left[(y_i - E(y_i)) + (\varepsilon_i - E(\varepsilon_i))\right]\left[(y_i - E(y_j)) + (\varepsilon_j - E(\varepsilon_j))\right]\right\}$$
$$= E\left[(y_i - E(y_i))(y_j - E(y_j))\right] + E\left[(y_i - E(y_i)) \cdot (\varepsilon_j - E(\varepsilon_j))\right] + E\left\{\left[(y_j - E(y_j))(\varepsilon_i - E(\varepsilon_i))\right] + E\left[(\varepsilon_i - E(\varepsilon_i))(\varepsilon_j - E(\varepsilon_j))\right]\right.$$
$$= E\left[(y_i - E(y_i))(y_j - E(y_j))\right] = w(y_i, y_j)$$
$$(i,j = 1,2,\cdots,k; i \neq j) \qquad (176)$$

利用相关函数的定义, 当 $d > 0$ 时得

$$f^*(d) = \frac{S^2}{S^{*2}} f(d) \qquad (177)$$

用得到等式 (176) 的同样方法可得

$$w(y_i^*, Y) = w(y_i, Y) \quad (i = 1,2,\cdots,k) \qquad (178)$$

由公式 $w(\alpha, \beta) = E(\alpha\beta) - E(\alpha)E(\beta)$ 及公式 (176) (178) 得

$$E(y_i^* y_j^*) = E(y_i y_j) \quad (i,j = 1,2,\cdots,k) \qquad (179)$$

$$E(y_i^* Y) = E(y_i Y) \quad (i = 1,2,\cdots,k) \qquad (180)$$

现在注意, 如在公式 (146) ~ (168) 中, 到处都以 y_i^* 代入 $y_i(i = 1,2,\cdots,k)$, S^* 代 S, $f^*(d)$ 代 $f(d)$, 则得未知量 Y 根据观察值 $y_1^*, y_2^*, \cdots, y_k^*$ 所产生的新估值 $\hat{Y}_{\mathrm{I}}^*$, $\hat{Y}_{\mathrm{II}}^*, \hat{Y}_{\mathrm{III}}^*$ 及 $\hat{Y}_{\mathrm{IV}}^*$ 的定义及构造方法. 现在除 $m, S, f(d)$ 外还要知道 S^*. 按定义计算估值 $\hat{Y}_{\mathrm{I}}^*, \hat{Y}_{\mathrm{II}}^*, \hat{Y}_{\mathrm{III}}^*, \hat{Y}_{\mathrm{IV}}^*$ 的误差

$S_{I}^{*},S_{II}^{*},S_{III}^{*},S_{IV}^{*}$ 满足不等式

$$S_{I}^{*} \leqslant S_{II}^{*} \leqslant S_{III}^{*} \leqslant S_{IV}^{*} \text{ 及 } S_{I}^{*} \leqslant S_{V} \qquad (181)$$

这相当于不等式(172),但此外还有不等式

$$S_{I} \leqslant S_{I}^{*}, S_{II} \leqslant S_{II}^{*}, S_{III} \leqslant S_{III}^{*}, S_{IV} \leqslant S_{IV}^{*} \qquad (182)$$

这些不等式反映了下列事实:观察值的误差增大了根据这些值所作出的估值的误差.

例1 S. Zubrzycki 运用他的公式来研究下面的例子. 在图 10 中,已知矩形四边中点 p_1,p_2,p_3,p_4 上纯锌的数量 y_1,y_2,y_3,y_4,或具有误差的数量 y_1^*,y_2^*,y_3^*,y_4^* 要估计此矩形中纯锌的数量.

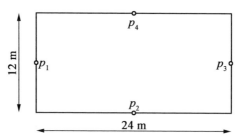

图 10 例 1 中的区域 D 及点 p_1,p_2,p_3,p_4 的位置.

在此例中,S. Zubrzycki 取(用某一单位)

$$m = 10$$
$$S^2 = 81.7 \qquad (183)$$
$$f(d) = 10^{-0.1d}$$

为计算估值 $\hat{Y}_1^*, \hat{Y}_2^*, \hat{Y}_3^*$ 及 $\hat{Y}_4^*$,令

$$S^{*2} = 100 \qquad (184)$$

这些数值接近于 S. Zubrzycki 在波兰博托城附近锌矿区所求得的实验值. 所得的估值及误差为

$$\hat{Y}_1 = 34.397(y_1 + y_3) + 42.224(y_2 + y_4) + 1\ 347.58$$

$$\hat{Y}_{I}^{*} = 28.509(y_1^* + y_3^*) + 35.127(y_2^* + y_4^*) + 1\ 607.28$$

$$\hat{Y}_{II} = 62.684(y_1 + y_3) + 68.789(y_2 + y_4)$$

$$\hat{Y}_{II}^{*} = 62.407(y_1^* + y_3^*) + 64.762(y_2^* + y_4^*)$$

$$\hat{Y}_{III} = 69.143(y_1 + y_3) + 74.857(y_2 + y_4)$$

$$\hat{Y}_{III}^{*} = 69.704(y_1^* + y_3^*) + 74.296(y_2^* + y_4^*)$$

$$\hat{Y}_{IV} = 72(y_1 + y_2 + y_3 + y_4)$$

$$\hat{Y}_{IV}^{*} = 72(y_1^* + y_2^* + y_3^* + y_4^*)$$

$$Y_{V} = 2\ 880$$

$$S_{I}^{2} = 8\ 475.2 \times 81.7, S_{I}^{*2} = 9\ 608.8 \times 81.7$$

$$S_{II}^{2} = 12\ 654.4 \times 81.7, S_{II}^{*2} = 16\ 111.7 \times 81.7$$

$$S_{III}^{2} = 13\ 577.2 \times 81.7, S_{III}^{*2} = 18\ 352.2 \times 81.7$$

$$S_{IV}^{2} = 13\ 607.7 \times 81.7, S_{IV}^{*2} = 18\ 377.0 \times 81.7$$

$$S_{V}^{*} = 15\ 170.8 \times 81.7$$

例2　S. Zubrzycki 再一次运用他的方法来估计上问题中矩形 D 中的纯锌量,只是矩形的边长为以前的一半(6 m 及 12 m),而四点 p_1, p_2, p_3, p_4 则仍是矩形四边的中点,锌矿区的特征也如前一样. 在本例中得估值及误差为

$$\hat{Y}_{I} = 15.952(y_1 + y_3) + 16.218(y_2 + y_4) + 76.60$$

$$\hat{Y}_{I}^{*} = 13.735(y_1^* + y_3^*) + 14.338(y_2^* + y_4^*) + 158.84$$

$$\hat{Y}_{II} = 17.590(y_1 + y_3) + 17.482(y_2 + y_4)$$

$$\hat{Y}_{II}^{*} = 16.987(y_1^* + y_3^*) + 16.964(y_2^* + y_4^*)$$

$$\hat{Y}_{III} = 18.114(y_1 + y_3) + 17.886(y_2 + y_4)$$

$$\hat{Y}_{\text{III}}^{*} = 18.086(y_1^{*} + y_3^{*}) + 17.914(y_2^{*} + y_4^{*})$$

$$\hat{Y}_{\text{IV}} = 18(y_1 + y_2 + y_3 + y_4)$$

$$\hat{Y}_{\text{IV}}^{*} = 18(y_1^{*} + y_2^{*} + y_3^{*} + y_4^{*})$$

$$\hat{Y}_{\text{V}} = 720$$

$$S_{\text{I}}^{2} = 218.92 \times 81.7, S_{\text{I}}^{*2} = 562.27 \times 81.7$$

$$S_{\text{II}}^{2} = 332.24 \times 81.7, S_{\text{II}}^{*2} = 589.4 \times 81.7$$

$$S_{\text{III}}^{2} = 337.52 \times 81.7, S_{\text{III}}^{*2} = 635.61 \times 81.7$$

$$S_{\text{IV}}^{2} = 337.56 \times 81.7, S_{\text{IV}}^{*2} = 635.64 \times 81.7$$

$$S_{\text{V}} = 1\,955.32 \times 81.7$$

由这些例子中可见,测量误差的存在大大增加了各估值的误差. 例 1 中精确值的算术平均 $\hat{Y}_{\text{IV}}$ 比带星号的各估值(除 $\hat{Y}_{\text{I}}^{*}$ 外)都要准确. 在例 2 中,估值 $\hat{Y}_{\text{IV}}$ 比所有带星号的估值准确. 例 1 中,估值 $\hat{Y}_{\text{II}}^{*}$,$\hat{Y}_{\text{III}}^{*}$,$\hat{Y}_{\text{IV}}^{*}$ 比 $\hat{Y}_{\text{V}}$ 的准确性差,而 $\hat{Y}_{\text{V}}$ 不依赖于观察结果. 这种情况在例 2 中不出现,因在例 2 中,观察值与参数在全区域中的估值更好地关联着.

在任一情况下,估值Ⅲ,Ⅳ的误差无大区别. 以这些估值为例可以观察两种不同影响的对立:其一,在求积分 Y 的估值时,如观察值与参数在全区域中的估值相关越好,则这些观察值就愈珍贵;其二,如诸观察值彼此相关,则它们的价值就差些,因为其中的一观察在某种程度上重复另一观察而少给出新的信息. 在例 1 中,前一影响比后一更强烈,因为估值 $\hat{Y}_{\text{III}}$ 中 y_2,y_4(或 $\hat{Y}_{\text{III}}^{*}$ 中 y_2^{*},y_4^{*})的系数超过 y_1,y_3(或 y_1^{*},y_2^{*})的系数. 但

202

y_2, y_4 (或 y_2^*, y_4^*) 是在矩形长边中点上参数的观察值,故它们与矩形内参数的值更为相关,但同时它们彼此间的相关也更密切. 在例 2 中,区域范围小一倍,后一影响强于前者,估值 $\hat{Y}_{III}$ 中 y_2, y_4 (或 $\hat{Y}_{III}^*$ 中 y_2^*, y_4^*) 的系数小于 y_1, y_3 (或 y_1^*, y_3^*) 的系数.

上述结果只是 S. Zubrzycki[1] 中的一部分,那里还研究了与(144)(145)的估值有关的其他问题. 这方面的工作尚未结束,新的结果将在其他文章中发表.

参 考 资 料

[1] S. Zubrzycki. O szacowaniu parametrow zlóz geologicznych, Zastosowania Matematyki, 3(1957),105.

[2] В. И. Смирнов. Подсчёт запасов минерального сырья, Москва, 1950.

12 关于统计参数的极大中极小估计

极大中极小估计的原则把参数的统计估值问题化为策略论中的问题. 近年来,策略论已发展成为一门独立的数学学科,在一次讨论会上,甚至连它的基本面貌也不可能叙述. 在这里,我想叙述 H. Steinhaus 的一个结论,据我看来,它是很有意思的. 设在一实验中,某事件出现的概率未知,今将此试验独立的重复 n 次,试根据观察结果来估计此未知概率.

为此,只需要策略论中的一些基本观念,我就从这里讲起.

策略论中的主要观念是游戏. 从数学观点看来,每一游戏由甲、乙两个对立者参加,并且由两集合 X, Y 及二元函数 $f(x, y)$ 决定,对每一对元,$x \in X$ 及 $y \in Y$,

有一实数 $w = f(x, y)$ 与之对应. 集 X 中之元 x 称为甲的策略, 集 Y 中之元 y 称为乙的策略, 故 X, Y 分别为甲, 乙全部可取策略的集合. 函数 $f(x, y)$ 称为支付函数. 游戏 (x, y, f) 的玩法是, 在每一局中, 二人独立地挑选自己的策略, 如甲的策略为 $x \in X$, 乙的为 $y \in Y$, 则乙付给甲的钱为 $f(x, y)$, 如函数 $f(x, y)$ 取负值, 则表示甲应付给乙的钱为 $|f(x, y)|$. 故当策略各为 x, y 时, $f(x, y)$ 表甲的利润, 它等于乙的亏损. 如集 X, Y 皆有限或可数, 则游戏称为矩形的, 因它完全由矩阵 $\|a_{ij}\|$ 决定, $a_{ij} = f(x_i, y_j)$, 而这游戏的每一局由甲选定矩阵中一横行, 乙独立的选定一直行构成. 横直行的交点上的数即甲的利润.

每一方都想找到最佳的策略. 为此要定义判定策略是否最佳的原则. 在策略论中, 这判别法则为极大中极小的原则. 甲希望获得最大的利润而想找一策略 x_0, 使对任意 $x \in X$ 满足条件

$$\min_{x \in X} f(x_0, y) \geqslant \min_{y \in Y} f(x, y)$$

如这样的策略存在, 则用此策略甲在每一局中的利润不小于

$$w = \max_{x \in X} \min_{y \in Y} f(x, y) \qquad (185)$$

且没有其他的策略能常常使他的利润大于 w. 如这样的 x_0 存在, 我们就称它为甲的最佳策略, 而数 (185) 称为甲的游戏价值. 如 (185) 中右方的极小中的极大不存在, 则甲的游戏价值定义为

$$w = \sup_{x \in X} \inf_{y \in Y} f(x, y) \qquad (186)$$

且对任 $\varepsilon > 0$, 在集 X 中存在策略 $x(\varepsilon)$, 它保证甲的利润不小于 $w - \varepsilon_0$. 同样地定义

$$W = \inf_{y \in Y} \sup_{x \in X} f(x, y) \qquad (187)$$

它称为乙的游戏价值. 对每 $\varepsilon > 0$, 在集 Y 中存在一策略 $y(\varepsilon)$, 如乙采用此策略, 则它的亏损不大于 $W + \varepsilon$. 如存在策略 y_0, 它保证乙的亏损不大于 W, 我们就称它为对乙最佳的策略.

例如, 以矩阵

$$\begin{pmatrix} 0 & -4 & 6 & 2 \\ 5 & 3 & -2 & 4 \\ 3 & 2 & 1 & 1 \end{pmatrix} \qquad (188)$$

所定义的有限矩形游戏中, 集 X 由三个策略构成 (矩阵有三横行), 甲的最佳策略为 (188) 中第三横行. 集 Y 由四个策略构成 (矩阵有四直行), 乙的最佳策略为第二直行. 这里甲的游戏价值为 $w = 1$, 乙的游戏价值为 $W = 3$. 如双方都使用最佳策略, 则甲的利润为 2.

易证对每一游戏, 由 (186) (187) 所定义的甲, 乙的游戏价值满足不等式

$$w \leqslant W \qquad (189)$$

这直接由显然的事实可见; 不可能使甲的利润多于乙的亏损. 使 (189) 化为等式 $w = W$ 的游戏称为闭的, 此时 w, W 的公共值称为游戏的价值. 例如矩阵

$$\begin{pmatrix} -2 & 2 & -3 \\ -2 & 0 & 4 \\ -4 & -2 & 3 \end{pmatrix} \qquad (190)$$

定义一个价值为 -1 的闭游戏. 此时, 甲, 乙的最佳策略分别为矩阵的第二横行及第一直行. 比较例 (188) 及 (190), 易见在闭游戏 (190) 中, 双方的最佳策略是一对相互反对的最佳策略. 但在开游戏 (190) 中, 如乙已知甲使用了最佳策略 (即选定 (190) 的第三横行),

他便会放弃自己的最佳策略(第二直行),因为存在更好的反对第三横行的策略(第三或第四直行),反之如甲已知乙采用最佳策略,他必放弃其最佳策略,因这最佳策略在反对乙的最佳策略时,不是最佳的. 当游戏是开的时候,不存在一对相互反对的最佳策略. 易证定理.

定理 1 如在游戏 (X, Y, f) 中存在二策略 $x_1 \in X$ 及 $y_1 \in Y$,使 x_1 是反对 y_1 的最佳策略,即对任一 $x \in X$ 有

$$f(x_1, y_1) \geqslant f(x, y_1) \tag{191}$$

而 y_1 是反对 x_1 的最佳策略,即对任一 $y \in Y$ 有

$$f(x_1, y_1) \leqslant f(x_1, y) \tag{192}$$

则游戏 (X, Y, f) 是闭的,$f(x_1, y_1)$ 是此游戏的价值,且 x_1, y_1 分别是甲,乙的最佳策略.

证明 由假设(191)及定义(187)得

$$f(x_1, y_1) = \sup_{x \in X} f(x, y) \geqslant \inf_{y \in Y} \sup_{x \in X} f(x, y) = W \tag{193}$$

同样由假定(192)及定义(186)得

$$f(x_1, y_1) = \inf_{y \in Y} f(x_1, y) \leqslant \sup_{x \in X} \inf_{y \in Y} f(x, y) = w \tag{194}$$

由(193)(194)得

$$w \geqslant f(x_1, y_1) \geqslant W$$

由不等式(189)得等式

$$w = W = f(x_1, y_1)$$

从而得证定理 1.

今设有游戏 (X, Y, f),根据此游戏如下定义一新游戏 $(\varXi, H, \varphi)$:

$\varXi$ 是集 X 上一切概率测度 ξ 的集.

H 是集 Y 上一切概率测度 η 的集.

$\varphi = \varphi(\xi, \eta) = E_{\xi, \eta} f(x, y)$ 是函数 $f(x, y)$，当 x 的分布为 ξ 而 y 独立地有分布 η 时的数学期望. 这样定义的游戏 $(\varXi, H, \varphi)$ 称为游戏 (X, Y, f) 的随机化. 在游戏 $(\varXi, H, \varphi)$ 中,甲的策略是取值 $x \in X$ 的随机变量,乙的策略为取值 $y \in Y$ 的椭机变量. 这可如下设想:甲不是自己从集 X 中去挑选策略 x,而去造一随机机械,它按由测度 ξ 所决定的分布去随机挑选策略. 乙也去造一机械,它不依赖于甲的机械的指示而按 η 所决定的分布,从集 Y 中去挑选策略 y. 在随机游戏中,支付函数 $\varphi(\xi, \eta)$ 等于在无限局中甲的平均利润,这些局都是借助于这二机械进行的.

易证如游戏 (X, Y, f) 是闭的,其最佳策略为 x_0 及 y_0,价值为 V,则其随机化 $(\varXi, H, \varphi)$ 也是闭的,有相同的价值 V,其最佳策略为 ξ_0 及 η_0,ξ_0 以概率 1 集中于策略 x_0,η_0 以概率 1 集中于策略 y_0.

但对相当广泛的游戏 (X, Y, f) 的集合,随机化 $(\varXi, H, \varphi)$ 甚至于当 (X, Y, f) 是开的时候,也是闭的. 有一基本定理,我们不在此证明,甚至也不严格叙述. 它常使实际工作者,当每采用某些解,而它们又化为要玩某一游戏时,不得不采用最佳随机策略. 这类应用可举战争中的策略为例.

未知参数的统计估值理论中许多问题可用策略论来叙述而得到有趣的结果. 这里我们只考虑最简单的估值问题. 即估计二项分布中未知参数 p,设独立地重复试验 n 次时,具有未知出现概率 p 的事件出现了 m 次. 设此参数的估值为 $\hat{p} = \hat{p}(m, n)$. 在多数实际问题

中,此估值的误差$|p - \hat{p}|$常引起某一损失,后者是此误差的函数. 我们假定损失与误差平方成正比. 现在要决定最佳估值$\hat{p}$.

在问题的这种提法下,可以在策略论中找到对应于上述情况的模型. 设游戏的甲方是统计者,其对手乙方称为自然界. 这游戏的玩法如下. 对确定的n,统计者挑选任一估值$\hat{p} = \hat{p}(m, n)$,对一切可能的值$m = 0$,$1, \cdots, n$,它对应于区间$[0, 1]$中的一实数,而自然界则自区间$[0, 1]$中任挑一实数p. 因此,统计者一切可取策略的集合X是$n + 1$维立方体,它是区间$[0, 1]$的$n + 1$次笛卡儿乘积,而自然界的一切可取策略的集合Y是区间$[0, 1]$. 支付函数$f[\hat{p}(m, n), p]$定义的估值$\hat{p}$的误差平方的数学期望乘以-1,即

$$
\begin{aligned}
f[\hat{p}(m, n), p] &= -E(\hat{p}(m, n) - p)^2 \\
&= -\sum_{m=0}^{n} [\hat{p}(m, n) - p]^2 \binom{n}{m} p^m (1-p)^{n-m}
\end{aligned}
$$

$$(195)$$

由定义(195)易见统计者的利润常常是非正的.

易证上面定义的游戏是开的. 因为其中没有一对互相反对的最佳策略. 为证此,设结论不对. 即设游戏是闭的,且某概率p_0是自然界的最佳策略,则统计者反对此策略p_0的最佳策略为$\hat{p}(m, n) = p_0$,后者不依赖于观察结果而为参数的准确值p_0,这时(当自然界采用策略p_0时),只有这策略才保证统计者的利润最大,即$f[p_0, p_0] = 0$. 但在反对统计者这一策略时,自然界的策略$p = p_0$是最坏的. 自然界反对策略$\hat{p}(m, n) =$

p_0 的最佳策略是策略 $p = 1\left(\text{如 } p_0 \leqslant \dfrac{1}{2}\right)$ 或策略 $p = 0$

$\left(\text{如 } p \geqslant \dfrac{1}{2}\right)$.

　　因此,上述问题的完全解要从对随机游戏 (Ξ, H, φ) 的研究中去寻求. 这里统计者的随机策略集 Ξ 包含 $n + 1$ 维立方体中的一切概率测度. 选定某一策略 ξ 后,对任一观察结果 (n, m),统计者决定的不是一个值 $\hat{p}$,而是估值的整个分布 $\xi(\hat{p}; n, m)$,同时,自然界的策略集 H 是区间 $[0, 1]$ 上所有的分布. 支付函数对任一固定的 n 为

$$\varphi(\xi, \eta)$$

$$= - E(\hat{p} - p)^2$$

$$= - \int_0^1 \sum_{m=0}^{n} \binom{n}{m} p^m (1 - p)^{n-m} \int_0^1 (\hat{p} - p)^2 \mathrm{d}\xi(\hat{p}; n, m) \mathrm{d}\eta(p) \tag{196}$$

　　今设已知自然界的策略为 $\eta(p)$,试求统计者反对此策略的最佳策略,为此要求下式的极大

$$I = - \int_0^1 \binom{n}{m} p^m (1 - p)^{n-m} (\hat{p} - p)^2 \mathrm{d}\eta(p) \tag{197}$$

因为当 (196) 极大化后,统计者可不依赖于每一 m 而决定自己的策略. 令 $\dfrac{\mathrm{d}I}{\mathrm{d}\hat{p}}$ 等于零,易见当 $\hat{p}$ 取值

$$\hat{p}_0(m, n, \eta(p)) = \frac{\displaystyle\int_0^1 p^{m+1} (1 - p)^{n-m} \mathrm{d}\eta(p)}{\displaystyle\int_0^1 p^m (1 - p)^{n-m} \mathrm{d}\eta(p)} \tag{198}$$

时, (197) 取极大. 值 (198) 确为使 (197) 取极大的点,

因 I 为 $\hat{p}$ 的连续、非正函数,而且当 $\hat{p}$ 无限下降或上升时它趋于 $-\infty$. 由于对每一组 n,m 及 $\eta(p)$,(197)在点(198)上有唯一的极大,可见统计者反对自然界的策略 $\eta(p)$ 的最佳策略为 $\xi(\hat{p};n,m)$,它对每一 n 及 m 以概率 1 等于由(198)定义的估值 $\hat{p}_0(m,n,\eta(p))$. 因此,反对自然界的任一策略 $\eta(p)$ 的统计者的最佳策略是非随机策略. 故如$(\Xi,H,\varphi(\xi,\eta))$ 是闭的,则$(X,H,\psi(\hat{p},\eta))$ 也是闭的,其中支付函数 $\psi(\hat{p},\eta)$ 由下式定义

$$\psi(\hat{p},\eta)$$
$$= -E(\hat{p}-p)^2$$
$$= -\int_0^1 \sum_{m=0}^n \binom{n}{m} p^m (1-p)^{n-m} [\hat{p}(n,m)-p]^2 \mathrm{d}\eta(p)$$

$$(199)$$

例如自然界采取策略 $\eta_1(p)$,它是区间$[0,1]$上的均匀分布(这前提等价于贝叶斯假定). 则由(198)可算出统计者反对此策略的最佳策略为

$$\hat{p}_1(m,n) = \frac{m+1}{n+2} \qquad (200)$$

拉普拉斯曾提出此式以估计未知参数 p,但他的后继者批判了它. 如统计者采用策略(200),则支付函数为

$$\psi(\hat{p}_1,\eta)$$
$$= -\int_0^1 \sum_{m=0}^n \binom{n}{m} p^m (1-p)^{n-m} \left[\frac{m+1}{n+2}-p\right]^2 \mathrm{d}\eta(p)$$
$$= \frac{-1}{(n+2)^2} \int_0^1 \sum_{m=0}^n \binom{n}{m} p^m (1-p)^{n-m} [m^e + 2m(1-2p-np)+1-2p(n+2)+p^2(n+2)^2] \mathrm{d}\eta(p)$$

210

$$= \frac{-1}{(n+2)^2} \int_0^1 \big[(n-4)p(1-p) + 1 \big] \mathrm{d}\eta(p) \quad (201)$$

在上式最后一步里,我们用了

$$\sum_{m=0}^n \binom{n}{m} p^m (1-p)^{n-m} = 1$$

$$\sum_{m=0}^n m \binom{n}{m} p^m (1-p)^{n-m} = np$$

$$\sum_{m=0}^n m^2 \binom{n}{m} p^m (1-p)^{n-m} = n^2 p^2 + np(1-p)$$

由式(201)易见,当 $n=4$ 时,被积函数不依赖于 p,且对自然界的每一策略,支付函数为

$$\varphi(\hat{p}_1, \eta) = \frac{-1}{(n+2)^2} = \frac{-1}{36} \quad (202)$$

因当 $n=4$ 及 $\hat{p} = \hat{p}_1$ 时,支付函数 $\varphi(\hat{p}_1, \eta)$ 不依赖于 η,故在 $n=4$ 的情况下,自然界的每一策略都同样地好,而这表示自然界的每一策略在反对统计者的策略 $\hat{p} = \hat{p}_1$ 时,都是最佳的. 特别,策略 $\eta_1(p)$ 是反对 $\hat{p}_1$ 的最佳策略. 但因策略 $\hat{p}_1$ 是反对自然界的策略 $\eta_1(p)$ 的最佳策略,故我们找到了一对相互最佳的策略,由定理 1,这表示当 $n=4$ 时 $(X, H, \psi(\hat{p}, \eta))$ 是闭的,$\hat{p}_1$ 及 η_1 是统计者及自然界的最佳策略,而(202)表游戏的价值.

今试求游戏 $(X, H, \psi(\hat{p}, \eta))$ 当 n 任意时的一般解. 为此,不用策略(200)而考虑统计者的策略 $\hat{p}_2$,它由更一般的函数表达,即

$$\hat{p}_2(m, n) = \frac{m+a}{n+b} \quad (203)$$

其中 a, b 不依赖于 m 但可能与 n 有关.

重复得到公式(201)时所用的计算,可见当统计

者利用策略 $\hat{p}_2$ 而自然界采用任一策略 $\eta(p)$ 时,支付函数为

$$
\begin{aligned}
&\psi(\hat{p}_2,\eta)\\
&=\frac{-1}{(a+b)^2}\int_0^1\left[(b^2-n)p^2+(n-2ab)p+a^2\right]\mathrm{d}\eta(p)
\end{aligned}
$$
$$(204)$$

由(204)易见当 $a=\frac{1}{2}\sqrt{n}$,$b=\sqrt{n}$ 时,被积函数不依赖于

p,因之函数 $\psi(\hat{p}_2,\eta)$ 不依赖于 η. 故得到结论:自然界的每一策略 $\eta(p)$ 在反对统计者的策略

$$
\hat{p}_2(m,n)=\frac{m+\sqrt{n}/2}{n+\sqrt{n}}
$$
$$(205)$$

时,都是最佳的. 要证明估值(205)是统计者的最佳策略,必须求出自然界的某一策略,在反对此策略时,策略(205)是最好的. 为此需求出一分布 $\eta_2(p)$,以此分布代入式(198)后,其左方为策略(205). H. Steinhaus 找到了此分布 $\eta(p)$,它的密度为

$$
\mathrm{d}\eta(p)=c\left[p(1-p)\right]^s\mathrm{d}p
$$

其中

$$
s>-1,\frac{1}{c}=\int_0^1\left[p(1-p)\right]^s\mathrm{d}p
$$
$$(206)$$

故由(198)得

$$
\begin{aligned}
&\hat{p}_0(m,n,\eta(p))\\
&=\frac{\dfrac{1}{c}\displaystyle\int_0^1 p^{s+m+1}(1-p)^{s+n-m}\mathrm{d}p}{\dfrac{1}{c}\displaystyle\int_0^1 p^{s+m}(1-p)^{s+n-m}\mathrm{d}p}\\
&=\frac{m+s+1}{n+2s+2}
\end{aligned}
$$
$$(207)$$

后一等式像等式(200)一样由下式而得

$$\int_0^1 p^\alpha (1-p)^\beta \mathrm{d}p = \frac{\Gamma(\alpha+1)\Gamma(\beta+1)}{\Gamma(\alpha+\beta+2)}$$

及 $$\Gamma(\alpha+1) = n\Gamma(\alpha)$$

由(207)可见,如想得到策略(205),必须令 $s = \frac{1}{2}\sqrt{n} - 1$. 因此,策略(205)是统计者反对自然界的策略 $\eta_2(p)$ 的最佳策略,对于 $\eta_2(p)$,p 的概率密度为

$$\mathrm{d}\eta_2(p) = [p(1-p)]^{\frac{1}{2}\sqrt{n}-1} \frac{\Gamma(\sqrt{n})}{[\Gamma(\sqrt{n}/2)]^2} \mathrm{d}p \quad (208)$$

因此我们找到了一对相互最佳策略,于是证明了,对每一 n,游戏 $(X, H, \psi(\hat{p}, \eta))$ 是闭的,而估值(205)是统计者的最佳策略. 由公式(204)可见游戏 $(X, H, \psi(\hat{p}, \eta))$ 的价值是

$$\psi(\hat{p}_2, \eta) = \frac{-a^2}{(n+b)^2} = \frac{-1}{4(1+\sqrt{n})^2}$$

解上述问题时,H. Steinhaus 不知道它早已解决. J. L. Hodges, Jr. E. L. Lehmann[3] 承认 Herman Rulin 早已解决这问题,但我在此详细地叙述了 H. Steinhaus 的解,因他只用了最基本的方法,而且还可用此法来解一些至今尚未解决的更一般的问题.

较广泛的已解决的问题是要估计未知参数 p_1, $p_2, \cdots, p_k \left(\sum_{i=1}^{k} p_i = 1 \right)$. 设某实验的结果是不相容事件 $A_1, A_2, \cdots, A_k$ 中之一. 经 n 次独立实验后,事件 A_1 出现 m_1 次,A_2 出现 m_2 次$\cdots$,A_k 出现 m_k 次 $\left(\sum_{i=1}^{k} m_i = n \right)$. 根据观察值 $m_1, m_2, \cdots, m_k$ 我们希望估计未知参数 p_1,

$p_2, \cdots, p_k$. 这里我们不想精确地定义对应于此问题的游戏, 设估值 $\hat{p}_1, \hat{p}_2, \cdots, \hat{p}_k$ 所引起的损失与

$$E\big[\sum_{i=1}^{k}(\hat{p}_i - p_i)^2\big] \qquad (209)$$

成正比. 如自然界的策略已随机化, 则像 $k=2$ 时一样, 游戏是闭的. 统计者的最佳策略是估值

$$\hat{p}_i = \frac{m_i + \dfrac{1}{k}\sqrt{n}}{n + \sqrt{n}} \quad (i = 1, 2, \cdots, k) \qquad (210)$$

自然界的一切策略在反对统计者这一策略时都是最好的. 统计者的策略(210), 在反对自然界的分布密度为

$$\frac{\Gamma(\sqrt{n})}{\left[\Gamma\left(\dfrac{\sqrt{n}}{k}\right)\right]^k}(p_1 p_2 \cdots p_k)^{\frac{\sqrt{n}}{k}-1}$$

的策略时是最好的. 如统计者采用最佳策略(210), 他的利润(恒非正)到达极小中的极大

$$-E\big[\sum_{i=1}^{k}(\hat{p}_i - p_i)^2\big] = \frac{-n}{(n + \sqrt{n})^2}\frac{k-1}{k}$$

它不依赖于自然界的策略, 而且是游戏的价值.

参 考 资 料

[1] H. Steinhaus. Über einige prinzipielle Fragen der mathematishen statistik, Tagung über wahrscheinlichkeitsrechnung und mathematische statistik, Berlin, 19 – 21 × 1954, Deutscher Verlag der wissenschaften.

[2] H. Steinhaus. The problem of estimation, Ann. Math. Statist., 28(1957).

[3] J. L. Hodges, Jr. E. L. Lehmann. Some prob-

lems in minimax point estimation, Ann. Math. Statist. 21(1950).

　　[4]L. J. Savage. The foundations of statistics, John Wiley and Sons, New York, 1954(see 13.4).

　　[5]J. C. C. McKinsey. Introduction to the theory of games, The Rand Corporation, New York, 1952.

　　[6]M. A. Girshick, P. Blackwell. Theory of games and statistical decisions, John Wiley and Sons, New York, 1954.

13　关于平面上经验曲线的长度

　　曲线长度是某曲线近邻中的无界泛函. 两条相当邻近的曲线,其长度的差可以任意的大. 因此当我们只知道某一曲线的近似,而要测量它的长度时,便发生很大困难. 这类问题,例如当地理学家要测量海岸长度时便发生. 这时甚至很难精确定义什么叫"海岸",这种曲线实际上没有,虽然在各种地图上都用曲线来表示"海岸". 如果在各种地图上来测量这些曲线的长,可能发现当地图的规模增大时,岸长无限上升. 再看另一个例子. 设地理学家希望比较两条河流的长度. 但他有的只是两张地图,第一张上绘有第一条河,另一张上绘有另一条. 如这些图的大小不一样,地理学家便不会比较它们的长度,而请求数学家的帮助. 这里我想叙述曲线观念的两种推广. 其一为 H. Steinhaus 的 p 级长的观念,另一为 J. Perkal 的 ε - 长观念.

　　设有一距离测定器,它由画有一族平行直线(两相邻线间的距离为 d)的透明薄板构成. 现在要测量图上曲线 s 的长度. 可用以下办法:把测定器随机地放在

曲线 s 上,算得这曲线与测定器上各直线的交点总数为 n_1,然后把测定器转移角度 $\dfrac{\pi}{k}$,再算得交点数为 n_k;于是得一组数 $n_1,n_2,\cdots,n_k$ 及数 $N = \displaystyle\sum_{i=1}^{k} n_i$. 曲线 s 的近似长度为

$$L = \frac{1}{2k} N d\pi \qquad (211)$$

这近似长度的精确度依赖于 d 及 k. 公式小还不能消除上述长度的奇怪现象,但可改用以下方法,不用 $n_1,n_2,\cdots,n_k$ 而用数 $n_1',n_2',\cdots,n_k'$ 其定义为

$$n_i' = \begin{cases} n_i, & \text{当 } n_i \leqslant p, i = 1,2,\cdots,k \\ p, & \text{当 } n_i > p, p > 0 \end{cases}$$

数值

$$L_p = \frac{1}{2k} N' d\pi \qquad (212)$$

其中 $N = n_1' + n_2' + \cdots + n_k'$,逼近于某一泛函,证此泛函为 $L_p(s)$,并称为 p 级长.

J. Perkal 的方法在于化曲线长度的测量为某区域面积的测量. 对任一 $\varepsilon > 0$,以 $A_s(s)$ 表与 s 的距离不超过数 ε 的全体点集,并称之为曲线 s 的 ε – 近邻,即

$$A_\varepsilon(s) = \underset{x}{E} \{ p(x,s) \leqslant \varepsilon \} \qquad (213)$$

H. Minkowski 定义曲线 s 的长为极限

$$L(s) = \lim_{\varepsilon \to 0} \frac{\alpha_\varepsilon(s)}{2\varepsilon} \qquad (214)$$

其中 $\alpha_\varepsilon(s)$ 表区域 $A_\varepsilon(s)$ 的面积. 但 J. Perkal 不用极限 (214) 而引进曲线 s 的 ε – 长 $L^{(\varepsilon)}(s)$ 的观念

$$L^{(\varepsilon)}(s) = \frac{\alpha_\varepsilon(s) - \pi\varepsilon^2}{2\varepsilon} \qquad (215)$$

这里要自 $\alpha_\varepsilon(s)$ 中减去半径为 ε 的圆的面积 $\pi\varepsilon^2$，以避免系统误差. 为了实际地计算 ε - 长（215），J. Perkal 建议采用圆形距离测定器，它由画有一族圆的透明薄板构成. 把测定器放在此曲线的图上后，为要计算 $\alpha_\varepsilon(s)$，就只要计算与曲线 s 有公共部分的圆的个数.

采用 H. Steinhaus 的 p 级长的观念或 J. Perkal 的观念后，各种比较实验曲线长度的问题可化为完全可实现的比较这些曲线的 p 级长或 ε - 长的问题. 但当长度的严格观念没有意义时（例如海岸长），ε - 长的观念可能非常宝贵并能很好的符合于地理学家的直觉.

参 考 资 料

［1］H. Steinhaus. On the length of empirical curves，Ĉasopis pro p̌esfovdni matematiky a fysiky，（1949），74.

［2］H. Steinhaus. Length，shape and area，Colloquium Mathematicum，3（1954）.

［3］J. Perkal. On the ε-Length，Bulletin de l'Acad' emie polonaise des sciences CI Ⅲ—Vol. Ⅳ，No. 7（1956）.

［4］H. Minkowski. Gesammelte Abhandlungen，Leipzig-Berlin，1911，Vol. Ⅱ.

14　某些生物问题中贝叶斯公式的应用

在每本概率论教程中都可找到贝叶斯公式

$$P\left(\frac{A_i}{B}\right)$$

$$= \frac{P(A_i)P\left(\dfrac{B}{A_i}\right)}{P(A_1)P\left(\dfrac{B}{A_1}\right) + P(A_2)P\left(\dfrac{B}{A_2}\right) + \cdots + P(A_n)P\left(\dfrac{B}{A_n}\right)} \quad (216)$$

由它可以计算当某事件 B 发生后，一组不相容的且唯一可能的原因 $A_1, A_2, \cdots, A_n$ 中任一个的后验概率 $P\left(\dfrac{A_i}{B}\right)$，这时只要利用已知的先验概率 $P(A_i)$ 及在原因 A_i 下事件 B 的条件概率 $P\left(\dfrac{B}{A_i}\right)$.

这公式在实际中很少应用，因为在多数情况下原因 $A_i (i = 1, 2, \cdots, n)$ 的先验概率 $P(A_i)$ 未知. 这时，常采用贝叶斯假定：一切原因的先验概率相同. 这假定在未经验证前，可能产生错误的结论. 由于贝叶斯假定常被严厉批判，某些作者便把这些批判理解为对公式 (216) 的批判. 但后者是概率论中公理系的推论，在未引进贝叶斯假定以前，它完全是正确的. 例如 W. Feller 在其名著 [1] 中只用小字列出公式 (216) 及对它的批评. 在讲问题 4 时我们曾多次运用连续型的公式 (216)，并指出在某些理论中，按作者的意见认为已克服未知先验分布及其他有关的困难，但实际上这些理论等价于贝叶斯假定. 这里我们说明，在我们的应用数学工作中，曾多次碰到公式 (216) 完全可合理地应用的情况.

第一个应用贝叶斯公式的例子是根据血清分析的结果来研究父子关系. H. Steinhaus 第一个指出在某些情况下可计算父子关系的概率. 这方法已由我研究清楚并在解决父子关系的具体审判事务中得以应用. 结果发现，概率论与贝叶斯公式在这些事务中给出了客

观的判决方法. 此外根据血清分析的资料及法院的判决可以统计地估计判决与资料的符合程度. 这些结果在法律学者中引起了长久热烈的讨论,因为看来运用概率论于审判中还是第一回.

第二个例子是应用贝叶斯公式研究孪生的胚胎发生问题(双生,三生或四生)在我离开波兰的前些日子曾将我与弗罗茨瓦夫的医生 T. K. Nowakowski(他是热心于把数学方法运用于医学的人)合作的文章投去付印,在文章中指出了计算某双生,三生或四生由一个卵子或多个卵子发展起来的概率. 在具体情况下,这些概率是根据许多兄弟或姊妹与其父母的形态学上的标志来计算的. 这时公式(216)中的先验概率是从双生,三生及四生根据男女性别的各种结合的频率观察的统计资料中计算出来的,而条件概率则根据所观察标志的嫡系遗传法则来计算. 利用我们的方法,可以断定,例如,1954 年在弗罗茨瓦夫诞生的四生以概率 0. 964 由一卵发展起来的.

参 考 资 料

［1］W. Feller. An introduction to probability theory and its applications, Vol. 1. John Wiley and Sons, New York, 1950.

［2］H. Steinhaus. O dochodreniu ojcostwa, Zastosowania Matematyki, 1(1954).

［3］H. Steinhaus. The establishment of paternity, prace wroclawskiego Towarzystwa Naukowego A. 32, 1954.

［4］J. Lukaszewicz. O dochodzeniu ojcostwa, Zastosowania Matematyki，2(1956).

[5] J. Lukaszewicz，T. K. Nowakowski. obliczanie prowdopodobienstwa jednojajowosci，Czworaczkow，Zastosowania Matematyki，V (1960),119.